우리집 식탁이 더욱 풍성해지는 레시피 172

맛있는
오븐 요리

시스터키친 이미경 지음

상상출판

맛있는 오븐 요리를 소개합니다

시스터키친은 김이 모락모락 나는 따끈한 밥 한 공기로
마음이 넉넉해지는 밥상, 살짝 허기가 져 잠이 깬 아침에 갓 지은 솥밥이
차려진 밥상, 밥투정하는 아이가 밥 달라고 아우성치게 만드는 엄마표 마술 밥상.
낯선 곳에서 우연히 만난 한 그릇의 소박한 음식이 선물해준 위로와 감동에
열광하는 사람들의 맛있는 이야기로 가득한 구어메이 커뮤니티입니다.
다양한 입맛과 스타일을 지닌 요리연구가, 셰프, 여행가, 바리스타, 소
믈리에, 사진가, 목장 주인, 한의사, 북 디자이너, 주부 등
미식가이며 식탐가인 그들이 시스터키친을 통해 맛깔스럽게
잔칫상을 차려냅니다. 맛있는 오븐 요리는 집에 하나쯤은 있으나
재주 많은 오븐을 요모조모 써먹지 못한 채 덩치는 산만한데 빈둥빈둥 노는
철없는 녀석이라며 안타까워하는 분들을 위한 요리책입니다.

시스터키친 www.sisterkitchen.co.kr

프리미엄 레시피북 '맛있는 오븐 요리'는
오븐을 써먹을 줄 모르는 분, 오븐으로 고작 쿠키나 머핀 등의
베이킹만 구워 드시는 분들을 위해 준비했습니다.
좁은 부엌 공간에 여러 가지 조리 도구를 다 둘 수 없을 때,
한여름 가스레인지 앞에서 요리하기 싫어질 때, 혼자서 여러 가지 요리를
뚝딱뚝딱 만들어야 할 때, 가정용 오븐이 숨은 재능을 발휘합니다.
밥심으로 사는 한국인을 위해 오븐으로 짓는 다양한 별미밥과
요긴한 밑반찬을 선보입니다. 이름난 레스토랑에서나
맛볼 수 있는 외식 메뉴와 혼자서 뚝딱뚝딱 차려 손님상에
우아하게 낼 수 있는 품 안 드는 스페셜 푸드도 준비했습니다.
우리집에 늘 있는 간단한 베이킹 재료와 도구, 가정용 오븐으로
만들 수 있는 간단하고 맛있는 홈베이킹 레시피도 담았습니다.
이 세상 어디에도 없는 한국인을 위한 맞춤 레시피북입니다.

맛있는 오븐 요리 가이드

❶ 베이킹을 제외한 대부분의
요리는 숟가락과 종이컵
계량법으로 계량하였습니다.
▶16쪽 참조

❷ 대체 식재료를 표기하여
반드시 그 재료가 없어도
집에 있는 다른 재료를
활용할 수 있어 요리의 폭이
넓어집니다.

❸ 요리를 만들면서 따라 하기
쉽도록 양념의 분량을
과정에서 다시 한 번
소개하였습니다.

❺ 책을 보면서 따라 하기 쉽도록
각각의 재료를 세로로
나열하였습니다.

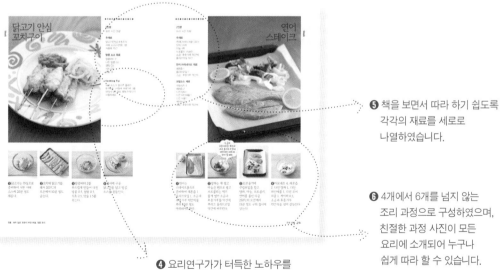

❻ 4개에서 6개를 넘지 않는
조리 과정으로 구성하였으며,
친절한 과정 사진이 모든
요리에 소개되어 누구나
쉽게 따라 할 수 있습니다.

❹ 요리연구가가 터득한 노하우를
쿠킹 팁을 통해 공개합니다.

Contents

1

오븐으로 해결하는
밥과 반찬

2

재주 많은 오븐이 부린 마술! 일품 요리

3

쉬운
베이킹

Special Recipes

오븐의 다양한
기능을 활용한 별미

오븐 하나로
모든 요리 시작하기

오븐으로 빵만 구울 수 있는 게 아닙니다. 밥도 짓고 반찬도 만들고
일품 요리도 만들 수 있습니다. 오븐 요리를 시작하기 전에 사용하기
두려운, 뭔가 복잡해 보이는 오븐에 대한 짧은 공부가 필요합니다.
지피지기 백전불태! 오븐에 대해 속속들이 파악하면 오븐의 숨은
재능을 모두 활용할 수 있습니다.

밥숟가락&종이컵 계량법

가루 재료 계량하기
소금, 설탕, 고춧가루, 후춧가루, 통깨…

 1은 밥숟가락으로 수북하게 위를 떠서 편평하게 깎은 양

 0.5는 밥숟가락 절반 정도의 양

 0.3은 밥숟가락 1/3 정도 담은 양

액체 재료 계량하기
간장, 식초, 맛술…

 1은 밥숟가락을 가득 채운 양

 0.5는 밥숟가락 절반 정도의 양

 0.3은 밥숟가락 1/3 정도 담은 양

장류 계량하기
고추장, 된장…

 1은 밥숟가락으로 수북하게 떠서 위를 편평하게 깎은 양

 0.5는 밥숟가락 절반 정도의 양

 0.3은 밥숟가락 1/3 정도 담은 양

종이컵으로 액체 재료 계량하기

 1컵은 종이컵에 가득 담은 양으로 200㎖에 조금 부족한 양

 1/2컵은 종이컵의 중간 지점에서 살짝 올라오도록 담은 양

기억해두세요!
다진 마늘 1쪽＝0.5밥숟가락
다진 파 1/4대＝2밥숟가락
다진 양파 1/4개＝4밥숟가락

★ Part 3의 쉬운 베이킹은 계량스푼과 계량컵, 계량저울로 계량했습니다.

한눈에 보이는 계량법

주요 식재료 100g 어림치

주요 식재료의 100g을 눈대중 계량법으로 익혀두면 재료를 하나하나 계량하지 않아도 되어 요리할 때 편리합니다. 요리에 자주 사용하는 재료의 100g 어림치를 소개합니다.

양파
작은 것 3/4개

무
지름 9cm, 길이 3cm 반원형 1쪽

두부
6×5×3cm

감자
작은 것 1개

오이
작은 것 1/2개

양송이버섯
6개

애호박
1/3개

단호박
1/4개

토마토
큰 것 1/2개

닭 가슴살
1조각

당근
중간 것 1/2개

브로콜리
작은 것 7송이

★ **달걀** 1개의 무게는 40~70g 정도로 이 책에서는 달걀을 개수로 표기합니다.

오븐 요리에서 사용한 기본양념

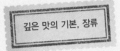

깊은 맛의 기본, 장류

간장 종류나 명칭이 다양하여 요리 초보를 힘들게 하는 간장. 조선간장, 국간장, 청장, 집간장은 집에서 만든 간장을 부르는 명칭이다. 집간장은 맑고 짠맛이 강한 편이라 주로 국이나 찌개 양념에 사용한다. 시판 간장으로는 국간장, 양조간장, 진간장, 조림간장, 향신간장 등이 있다. 양조간장과 진간장은 진하면서 단맛과 감칠맛도 나 조림, 볶음, 구이 등에 다양하게 이용된다. 특히 양조간장은 진간장에 비해 맛이 담백하고 가벼워 조림, 볶음 등에 주로 쓰고 겉절이나 드레싱을 만들 때도 즐겨 쓴다. 진한 맛을 원할 때에는 진간장을 사용하면 된다.

된장 전통 방식의 한식 메주된장과 개량식 메주된장으로 만들어 구수함과 부드러운 맛이 잘 어우러져 깊은 맛이 나는 제품을 주로 사용하고 있다. 된장찌개, 매운탕에도 잘 어울리고 나물 요리에 넣으면 깊은 맛이 난다. 또 집에서 직접 담가 먹기도 하는데, 집된장은 약간 탁한 맛과 짠맛이 강해 시판 된장과 섞어서 사용하기도 한다.

고추장 고추장 본연의 맛깔스러운 빛깔과 맛있게 매운맛을 느낄 수 있는 우리 쌀로 만든 태양초 고추장을 즐겨 쓴다. 재래식 고추장의 빛깔을 띠면서도 고추장의 달고 텁텁한 맛이 없는 게 특징. 매운맛의 정도에 따라 순한 맛, 덜 매운맛, 보통 매운맛, 매운맛, 매우 매운맛

5가지 맛으로 나뉘어 있어 선택의 폭이 다양하다.

맛의 기본, 소금과 설탕

천일염 소금은 김치를 절일 때 사용하는 호염(천일염), 일반적인 굵기의 꽃소금, 맛을 가미한 맛소금, 그 외에 다양한 기능을 첨가한 기능성 소금 등이 있다. 다양한 요리에 가장 편하게 사용할 수 있는 소금은 천일염 중 요리용으로 만든 중간 입자를 사용한다. 천일염 특유의 깔끔하고 자연스러운 맛이 음식의 풍미를 살려준다.

흰 설탕 요리의 색에 따라 흰 설탕과 황설탕, 흑설탕을 가려 쓰는 지혜도 필요하다. 사탕수수에서 추출한 원당을 정제하여 만든 흰 설탕은 설탕의 제조 과정에 가장 먼저 만들어지는 순도가 높은 깨끗한 설탕이다. 약밥이나 수정과 등의 색깔 있는 요리가 아니라면 흰 설탕은 대부분의 요리에 두루두루 쓸 수 있다.

기본양념

고춧가루 가을 햇볕에 직접 말린 태양초를 이용하면 빛깔도 좋고 매운맛도 잘 살지만

직접 말린 고춧가루가 없을 때에는 구입하여 사용하고 있다. 경북 영양 고추를 100% 사용해 만든 고춧가루를 즐겨 쓰는데 빛깔이 곱고 매운맛이 적당하며 양념용과 김치용 2가지가 있어 용도에 따라 나눠 사용할 수 있다. 고춧가루는 더운 여름철에는 냉장고에 보관해야 고운 빛깔과 맛을 잃지 않는다.

 식초 곡물식초, 과일식초 등 다양한 식초가 있는데, 깔끔하고 상큼한 맛이 나 여러 가지 요리에 다양하게 넣을 수 있는 사과식초를 즐겨 쓴다. 신맛이 강하고 물이 생기지 않게 요리하는 무침류에는 2배식초, 3배식초 등을 이용하면 좋다.

 참기름 참깨를 구입해 방앗간에서 직접 짠 참기름과 시판 참기름을 함께 쓰고 있다. 시판 참기름은 100% 참깨만을 사용해 은근한 온도에서 오랫동안 볶아 고소한 맛이 진한 제품을 즐겨 쓴다.

 요리당 흐름성이 좋아 사용이 편리하고 요리할 때 잘 타지 않고 윤기가 돌며 식어도 잘 굳지 않는 요리당. 볶음용, 조림용 외에 고기를 재울 때나 생선 요리에도 활용한다.

마늘가루&생강가루 육류 요리를 할 때에는 마늘가루나 생강가루를 살짝 뿌려서 구우면 좋다. 또 무침이나 볶음에도 조금씩 사용하면 더 맛있다.

소스류

 참치 한스푼 순살 참치액에 버섯, 양파, 마늘, 생강 등의 재료로 맛을 낸 소스. 참치 특유의 맛은 나지 않으며 국물 요리나 무침, 볶음 요리에 한두 숟가락 넣으면 감칠맛이 난다.

액상 타입이라 나물 요리에도 쉽게 사용할 수 있다.

 굴소스 굴 추출물로 만든 굴소스는 중국 요리뿐만 아니라 한식에도 잘 어울린다. 볶음, 조림, 구이, 덮밥 요리 등에 활용할 수 있다. MSG가 함유되어 사용을 꺼리는 이도 있었지만 최근에는 MSG가 함유되지 않은 제품도 등장했다.

 올리브오일 올리브오일은 착유 방법에 따라 달라진다. 올리브나무에서 수확한 열매를 선별하고 세척한 다음 분쇄하여 압착하여 오일과 수분을 분리한다. 착유 방법에 따라 엑스트라 버진 올리브오일, 정제 올리브 오일, 퓨어 올리브오일 등으로 나뉜다. 맨 처음 압착한 것이 엑스트라 버진 올리브오일로 주로 샐러드에 사용하며 퓨어 올리브오일은 가열하는 요리에 사용하는 것이 적당하다.

 허브솔트 음식의 간을 맞추거나 향을 가미할 때 사용하기 적당한 양념이다. 생선이나 육류의 잡냄새를 없애고 밑간을 해야 할 때 향신료가 섞여 있는 허브솔트를 사용하면 간편하다. 구이 요리 뿐 아니라 구운 채소 샐러드와도 맛이 잘 어울린다.

케이준 스파이스 케이준 스파이스는 마늘, 양파, 칠리, 후추, 겨자, 셀러리를 섞어서 만드는데, 매콤한 맛이 나서 우리 음식과도 잘 어울린다. 케이준 스파이스의 '케이준'은 미국으로 강제 이주된 캐나다 태생 프랑스 사람들이 만들어 먹기 시작한 음식 이름이라고 한다.

오븐 요리에서 사용한 베이킹 재료

밀가루 [강력분, 중력분, 박력분] 밀가루는 글루텐 함량에 따라 강력분, 중력분, 박력분으로 나뉜다. 글루텐은 밀가루가 함께 엉기게 하는 성분으로, 강력분은 글루텐 함량이 12%로 딱딱한 밀알을 빻아서 만들고 글루텐 함량이 높은 만큼 쫄깃함이 강해 이스트를 넣어 반죽하는 빵을 만들 때 주로 쓰인다. 글루텐 함량이 10% 정도인 중력분은 가정에서 가장 흔히 쓰이는 밀가루로 음식, 빵, 과자에 두루 사용할 수 있는데 주로 면을 만드는 용도로 사용된다. 박력분은 부드러운 밀알을 빻아서 만드는데 글루텐 함량이 낮아 쫄깃함은 약하지만 폭신하고 바삭한 식감이 나서 케이크나 쿠키를 만들 때 적당하다.

이스트 살아 있는 효모가 가스를 발생시켜 반죽을 부풀리는 역할을 한다. 이스트는 적절한 수분과 적절한 온도가 되면 활동을 시작한다. 생이스트와 드라이 이스트, 인스턴트 드라이 이스트로 나뉘는데, 생이스트는 수분 함량이 70% 정도로 촉촉하게 젖은 상태이고, 드라이 이스트는 말 그대로 보슬보슬 마른 상태로 수분 함량은 8%이다. 인스턴트 드라이 이스트는 드라이 이스트에 비해 더 곱고 발효력도 강하여 홈베이킹에 가장 많이 쓰인다.

베이킹소다&베이킹파우더 베이킹소다는 과자, 빵을 만들 때 사용하는 재료로 베이킹파우더의 주성분이다. 탄산수소나트륨 100%의 단일제재 성분으로 베이킹파우더보다 팽창력이 2~3배 정도 높으며 옆으로 부풀게 하는 성질을 지녔다. 베이킹파우더는 화학적 팽창제의 한 종류로 위로 부풀게 하는 성질을 지녀 쿠키나 케이크에 주로 사용된다. 많이 넣으면 쓰고 떫은맛이 나기 때문에 용량에 맞게 사용하는 게 좋다.

버터 버터는 우유에서 지방분을 분리시킨 후 강하게 치대 굳힌 것으로 반죽의 향과 식감을 향긋하고 부드럽게 한다. 크게 일반·발효·가염·무염 버터로 나눌 수 있는데 일반 버터는 유산균을 넣지 않고 숙성시켜 깔끔하며, 발효 버터는 유산균을 넣고 발효시켜 독특한 향과 감칠맛이 나므로 버터의 풍미가 중요시되는 마들렌이나 피낭시에 등의 쿠키에 사용된다. 가염 버터는 전체 중량의 1~2% 정도의 소금을 첨가하여 보관 기간이 길다. 베이킹에 많이 쓰는 무염 버터는 소금을 넣지 않아 보존성은 떨어지지만 빵이나 과자의 맛을 변화시키지 않고 맛의 깊이를 더한다. 버터는 보관할 때 밀폐가 잘되는 용기에 넣어 냉장 보관하는 것이 좋다.

생크림 [프레시 생크림, 휘핑크림, 식물성 생크림] 프레시 생크림은 우유의 유지방을 원심 분리하여 농축시킨 것으로 100% 우유에서만 추출한다. 휘핑크림이나 식물성 생크림은 우유가 아닌 팜유, 야자유, 식용유 등 식물성 유지에서 추출하여 여러 가지 화학적 첨가제를 사용해 만든다. 순수한 유지방으로 만든 프레시 생크림은 고소하고 담백한 풍미와 부드러운 식감을 갖고 있어 고급 제과 재료로 많이 사용된다. 그러나 보관과 가공 관리가 까다로워 다양한 용도로 사용하기 어렵다. 반면 식물성 생크림은 첨가제를 이용해 보관이 쉽고 활용도가 높다. 보통 생크림 케이크를 만들 때 생크림과 휘핑크림을 적절히 섞어 사용하면 부드럽고 매끈한 크림을 만들 수 있다. 냉동 가능한 식물성 크림은 해동 후에는 재냉동하지 않는 것이 좋다. 냉동 가능한 생크림 외에는 냉동하지 않는다. 생크림의 거품을 올려야 한다면 생크림을 차게 보관하는 것이 좋고 여름철에는 얼음물을 받쳐 거품을 올리면 쉽게 거품을 낼 수 있다.

크림치즈 우유와 생크림을 원료로 하여 숙성시키지 않은 생치즈로 맛이 부드럽고 매끄

럽다. 일반 치즈와 달리 짠맛 대신 약간 신맛이 나고 끝맛이 고소하다. 카나페, 샌드위치, 샐러드 드레싱, 디저트 요리, 쿠키, 치즈 케이크 등에 사용한다.

슈거 파우더　설탕을 갈아서 아주 고운 가루로 만든 것으로 분당, 아이싱 슈거라고도 한다. 습기를 빨아들이는 성질이 매우 높아 설탕이 덩어리지는 것을 방지하기 위해 옥수수가루를 3~5% 정도 첨가시킨다. 아이싱하거나 생크림 케이크, 페이스트리, 파이, 과자 등의 표면에 장식용으로 뿌리기도 하는데, 요즘에는 잘 녹지 않도록 고안된 제품이 제과용으로 판매되기도 한다.

오트밀　오트밀은 다른 곡류에 비해 단백질과 비타민 함량이 많고 식이섬유가 풍부하여 소화가 잘 된다. 케이크, 쿠키, 빵 반죽에 넣으면 고소함과 쫄깃한 식감을 살릴 수 있는데, 오트밀은 구우면 훨씬 고소하다.

코코넛　베이킹에 사용하는 코코넛은 가루로 된 코코넛가루와 슬라이스 하여 말린 롱 코코넛 두 가지 종류가 있다. 특유의 고소한 향이 나 베이킹 재료로 많이 사용되고 롱 코코넛을 사용해 조리하거나 장식할 때는 살짝 구워 사용하면 고소한 향과 맛이 더욱 살아난다.

코코아가루　케이크나 쿠키를 만들 때 주로 사용하는 아주 미세한 가루로 덩어리지기 쉬워 밀가루에 섞어 체에 쳐서 사용한다. 음료에 사용하는 코코아가루는 설탕 등의 감미료가 첨가되어 있어 단맛이 강하니 베이킹용 코코아가루를 사용하는 것이 좋다.

계핏가루　계핏가루는 주로 케이크나 머핀에 사용하는 재료로 밀가루에 섞어 체에 쳐서 사용하거나 과일을 조릴 때 넣어 사용하기도 한다.

초코칩&다크 초콜릿　초코칩은 쿠키나 머핀, 파운드케이크에 장식용으로 많이 사용하는데 달콤하게 씹히는 맛이 좋고 구워도 모양이 변형되지 않는다. 실온에 보관하되 더운 여름철에는 냉장보관 하는 것이 좋다. 초콜릿의 원료가 되는 카카오매스의 함량이 최소 35% 이상인 초콜릿을 의미하는데, 많게는 카카오매스 함량이 99%에 이르는 것도 있다. 다크 초콜릿에는 분유나 설탕이 들어가지 않거나 아주 적은 양이 들어간다. 카카오 함량이 높을수록 카카오 본연의 쌉쌀한 맛이 강해지며, 좋은 다크 초콜릿일수록 짙은 마호가니색을 띠고 불그스름한 광택이 난다.

바닐라오일, 바닐라빈　바닐라오일은 인조 또는 자연 바닐라를 물이나 알코올에 녹인 액체 상태의 향신료이다. 케이크나 쿠키를 반죽할 때 향을 좋게 하고 달걀, 밀가루의 잡냄새를 없애기 위해 많이 사용한다. 제과 · 제빵에 쓸 때는 1~2방울 정도의 소량을 사용하고 바닐라에센스에 비해 향이 강해 굽는 시간이 오래 걸리는 오븐 베이킹에 많이 사용한다.
바닐라빈은 바닐라를 껍질째 건조시킨 것으로 고급 아이스크림이나 커스터드 크림을 만드는데 쓰인다. 바닐라빈을 반 갈라서 안에 든 작은 알갱이를 긁어서 사용하고 남은 껍질은 설탕 등에 넣어두면 바닐라 설탕을 만들 수 있다.

건과일 [프룬, 건포도, 블루베리, 크랜베리]
프룬, 건포도, 블루베리, 크랜베리 같은 건과일은 말리는 동안 수분은 빠져 나가지만 영양분은 그대로 농축되며 단맛도 강해진다. 칼륨, 비타민 등의 다양한 영양 성분이 생과일보다 풍부하다. 건과일은 계절에 관계없이 섭취할 수 있으며 수분을 증발시켜 저장성이 좋다. 베이킹에 사용할 때는 사용하기 전에 바짝 말라 있는 건과일을 럼이나 따뜻한 물에 미리 불려두는 게 좋다.

견과류 [아몬드, 호두, 해바라기씨]
견과류는 세계 10대 건강 식품으로 선정될 만큼 몸에 좋은 식품이다. 우리가 쉽게 먹을 수 있는 견과류의 종류는 땅콩, 호두, 아몬드, 해바라기씨 등이 있다. 베이킹에 견과류를 사용할 때는 오븐에 살짝 굽거나 마른 팬에 구워 쓴다. 실온에서 보관하나 여름철에는 견과류의 지방이 산패가 되면서 냄새가 나므로 냉장보관 하는 것이 좋다.

판젤라틴　동물의 뼈나 껍질을 원재료로 하는 젤라틴은 물에 불리면 팽창하고 냉각시키면 굳는 성질을 갖고 있어 젤리, 무스, 파나코타 등을 만들 때 쓰인다. 판젤라틴과 가루 젤라틴의 두 종류가 있다. 판젤라틴은 얇은 필름 형태로 되어 있어 찬물에 불린 다음 물기를 제거하고 다른 재료에 녹여 사용하고 가루 젤라틴은 젤라틴 양의 3배 정도의 찬물에서 10분 정도 불려 뜨거운 재료에 섞어 사용한다. 판젤라틴은 가루 젤라틴보다 순도가 낮고 점탄성이 높은 반면 가루 젤라틴은 강도가 높아 약간 더 단단하다. 판젤라틴은 여름철에 오래 담가 두면 물이 미지근해지면서 녹을 수 있으니 담가 부드러워지면 바로 건져 사용하는 것이 좋다.

오븐 요리에서 사용한 베이킹 도구

알뜰주걱
머핀, 케이크, 쿠키 등을 반죽할 때 필요한 기본 도구다. 일반 고무 주걱과 실리콘 주걱이 있는데 열에 강하고 유연성이 좋은 실리콘 제품이 편리하다.

솔
케이크를 만들 때 스펀지 시트에 시럽을 바르거나 오븐용기에 오일을 바를 때 필요하다.

거품기
달걀을 거품내거나 버터를 부드럽게 만들 때 사용한다. 생크림의 거품을 올리거나 머랭을 만들 때에는 핸드믹서를 사용하는 것이 훨씬 편하다.

짤주머니와 깍지
케이크나 머핀을 장식할 때, 머핀 반죽을 틀에 채울 때, 짤주머니에 반죽을 채워 깍지를 끼우고 모양을 내는 쿠키를 만들 때 꼭 필요하다.

여러 가지 틀
파이틀, 식빵틀, 마들렌틀, 머핀틀 등 모양이나 용도에 따라 다양한 틀을 갖추는 게 좋다. 코팅이 된 금속 용기를 주로 사용하고 실리콘 제품이나 일회용 제품 등을 활용하기도 한다.

Hint!

베이킹 쇼핑

대형 할인마트의 베이킹 코너에 가면 기본 도구와 소포장으로 된 베이킹 재료를 구입할 수 있다. 그러나 다소 가격이 비쌀 수 있고 특별한 재료는 없는 경우가 많다. 인터넷으로 베이킹 도구와 식재료를 구입하여 사용하기도 하지만 인터넷으로 구입할 때에는 크기나 용량을 정확하게 확인하지 않으면 잘못 구입하는 일이 왕왕 생기며, 충동구매를 하게 되니 주의한다. 을지로에 위치한 방산시장은 가장 큰 베이킹 식재료 시장으로 눈으로 제품을 확인한 후 구입할 수 있어 좋다. 갖가지 도구와 식재료, 베이킹 포장재 등을 다양하게 갖추고 있다. 대부분의 방산시장 상점은 인터넷 쇼핑몰도 운영한다.

추천 온라인 숍
브레드가든 비앤씨마켓 www.bncmaket.com
이홈 베이킹 www.ehomebaking.co.kr
베이킹 파티 www.bakingparty.co.kr

오븐이 내게로 왔다

아버지는 요리하는 딸을 위해 대학 입학 기념으로 오븐을 선물해주셨습니다. 20년 전에는 집에서 오븐을
사용하는 일은 거의 없었지만 학교에서 배운 요리를 집에서 오븐으로 만들어보는 즐거움이 컸습니다. 그때의
오븐은 지금처럼 섭씨가 아니라 화씨로 표기된 수입 오븐으로 요리하기 전에 온도를 먼저 계산해둬야 하는 것이
큰일이었습니다. 그러나 집에서 한 번씩 맛있는 냄새를 풍기며 아무것도 하지 않는 것 같은 부엌에서 맛있는
요리가 나올 때면 식구들은 오븐에 감탄하였습니다. 학교를 졸업하고 오븐 회사에 입사하며 오븐 요리에 푹 빠지게
되었습니다. 매일매일 먹는 요리를 다양하고 쉽게 할 수 있는 건 오븐이 가진 가장 큰 매력입니다. 특히 요즘의
식생활은 예전보다 육류의 섭취가 늘어났는데, 오븐을 이용하면 갖가지 육류 요리를 건강하고, 맛있게 만들 수
있습니다. 생선은 프라이팬에 구우면 타기 쉽고 속이 익지 않아 애를 먹곤 하지만 오븐에 구우면 바삭바삭하게,
또 부엌에 생선 냄새가 진동하지 않게 조리할 수 있습니다. 집에서는 오븐 기능, 스팀 오븐 기능, 발효 기능, 채소
건조 기능을 가진 오븐을 활용하여 다양한 요리를 만들며, 쿠킹 스튜디오에서는 가스 오븐과 미니 오븐, 스팀 오븐
등 여러 가지 오븐으로 요리에 따라 다양하게 활용하고 있습니다. 갑자기 찾아온 손님들에게도 몇 가지 재료를
오븐에 넣어두고 담소를 나누다 보면 요리가 완성되니 요리하는 일이 즐겁고 먹는 사람은 편안합니다. 오늘도
오븐에 삼겹살 편육을 넣어 기름기가 쏙 빠지면서 익어 가는 걸 살피면서 테이블에서 가족들과 하루의 일과를
이야기합니다. 오븐 덕분입니다.

내가 오븐에 열광하는 10가지 이유

① 오븐 요리는 건강하다 오븐은 굽는 조리법이라 튀기거나 볶는 요
리보다 기름이나 양념을 덜 쓰게 되어 식재료 본래의 맛을 최대한 살리
는 헬시 푸드다.
② 좋은 재료, 나쁜 재료를 탓하지 않는다 오븐을 똑똑하게 활용
하면 득을 보게 될 식재료는 육류다. 불의 세기나 시간에 따라 육류의
맛은 차이가 많이 나는데, 오븐은 일정한 온도에 의해 요리가 되니 어떤
재료라도 부드럽고 맛있게 완성된다. 나쁜 재료, 좋은 재료를 탓할 필요
가 없다.
③ 다양한 기능을 모두 품은 멀티 머신 최근에는 전자레인지, 빵과
청국장·식혜 발효기, 식품 건조기, 살균 기능 등 여러 가지 기능을 가진
오븐이 대세다. 하나의 제품이 여러 가지 기능을 갖고 있어 좁은 부엌
공간에서 효율적으로 사용할 수 있다.
④ 밑준비를 하여 오븐에 넣기만 하면 요리 끝 채소는 손질하고,
육류는 밑간하고, 생선은 손질해서 밑간하여 오븐에 넣고 버튼만 누르면
조리 끝. 이보다 쉬운 요리는 없다.
⑤ 요리 과정을 지켜보지 않아도 된다 프라이팬이나 냄비에서 요
리를 하다 보면 직화로 요리가 되기 때문에 불을 조절하거나 요리를 섞
거나 뒤집어야 하기 때문에 요리를 지켜봐야 하지만 오븐은 간접열로

요리가 되기 때문에 요리를 지켜보지 않아도 골고루 알맞게 익는다.
⑥ 다양한 요리를 한꺼번에 완성한다 넓은 공간의 오븐에는 여러
개의 오븐 용기를 넣어 동시에 조리가 가능하다. 또한 가족수에 따라서
1인분씩 여러 개로 나누어 요리할 수도 있다.
⑦ 바쁜 맞벌이 주부, 워킹맘을 돕는 우렁각시 전날 밤 밑손질을
하여 냉장고에 넣었다가 바쁜 아침에 오븐에 넣기만 하면 근사한 아침
을 만들 수 있다.
⑧ 오븐 요리로 메뉴를 구성하면 혼자서도 거뜬하게 손님상을
차릴 수 있다 오븐에서는 많은 요리도 한꺼번에 해결할 수 있으니 두
렵지 않다. 또한 요리를 오븐에 넣어두고 테이블 세팅이나 기본 반찬 등
을 세팅하는 동안 오븐에서 요리가 완성되니 시간이 절약된다. 오븐에서
오븐 용기를 꺼내어 살짝 식혀 천으로 용기를 감싸면 식탁에 바로 올려
먹을 수 있다.
⑨ 부엌에서 도망치고 싶어지는 한여름에 더 반갑다 넘치지 않
을까, 타지 않을까 땀을 뻘뻘 흘리며 가스레인지 불 앞에서 동동거리지
않아도 된다.
⑩ 선물하기 좋은 메뉴도 오븐에서 뚝딱! 간단히 만드는 베이킹,
오븐으로 건조한 육포, 발효 기능으로 만든 수제 요구르트는 선물하기
좋다. 오븐이 있어 뚝딱 만들 수 있으니 정성 가득한 음식 선물도 오븐
에서 탄생된다.

오븐의 종류와 사용법

가정에서 사용하는 오븐은 크게 가스 오븐과 전기 오븐, 미니 오븐으로 나눕니다. 요즘에는 가스 오븐은 대개 아파트의 빌트인 가전의 하나로 보급되어 있고 전기 오븐은 스팀 오븐, 광파 오븐, 복합 오븐 등 다양한 상품으로 판매되고 있습니다. 또 최근 몇 년 동안 크기가 작으면서 가격도 저렴한 미니 오븐이 인기를 얻기도 했습니다. 다양한 오븐의 특징과 잘 쓰는 노하우를 정리해보았습니다.

가스 오븐 조리 재료를 밀폐한 후 가열하여 건열로 음식을 익히게 설계된 조리 기구를 말한다. 가스를 열원하여 오븐 하단의 브로일러에 불꽃이 점화되어 내부 공기를 데워준다. 가스 오븐은 일반적으로 가스레인지와 오븐이 합체된 것으로 대개 브로일러(그릴)와 오븐이 나뉘어 있다. 일반 자연 대류 방식과 강제 순화 방식(컨벡션)이 있다. 컨벡션 기능은 오븐 내부의 뒷면에 팬을 부착하여 오븐 내부의 뜨거운 공기를 강제적으로 회전시켜 열을 대류시켜 조리하는 방법이다. 열원을 오븐 내부에 골고루 분산시켜 요리하여 자연 대류 방식인 오븐보다는 골고루 익고 요리 시간을 단축시킬 수 있으나 음식이 마르는 단점이 있다.
가스 오븐은 공간이 넓어 한꺼번에 많은 양의 요리를 할 수 있지만 크기가 커서 예열 시간이 다소 오래 걸릴 수 있고 점화되어 열이 나오는 곳이 주로 아래쪽이기 때문에 아래쪽의 열은 세고 위쪽의 열은 약할 수 있다. 높은 온도의 요리(230~250℃)인 육류 요리는 아래쪽에 랙을 올려서 요리하고 낮은 온도의 요리(180~200℃)인 베이킹은 위쪽에 랙을 올리고 굽는다. 200~220℃로 조리하는 그라탱이나 일반 요리는 중간의 랙에 요리를 올려 조리한다. 그릴이 따로 있을 때에는 오븐과 그릴 요리를 함께 할 수 있다. 자동 기능이 내장되어 있는 오븐과 수동 기능만 있는 오븐이 있으니 자동 기능을 잘 활용하면 편리하게 요리할 수 있다.
내부 용량 : 50~60ℓ

전기 오븐 오븐 내부에 히터와 컨벡션 팬이 장착되어 빠른 속도로 온도가 상승되므로 예열 없이 조리가 가능하다. 단, 전기 오븐은 입구의 문이 유리로 되어 있어 조리 중이나 조리가 끝난 직후 유리를 만지면 뜨거울 수 있으며 가열 온도가 높기 때문에 오븐에 덮개를 씌우면 화재의 우려가 있으니 주의한다. 전기 오븐에는 스팀 오븐, 광파 오븐, 복합 오븐 등이 있다. 스팀 오븐은 가열한 고온의 스팀을 열원으로 이용하며 가열한 고온의 미세 스팀이 요리 전체를 감싸 내부까지 바르게 전달되어 지방과 염분을 감소시키고 비타민을 보존시키는 장점이 있다. 스팀 오븐이 필요한 대표적인 요리로는 바게트, 깨찰빵, 슈크림 등이 있고 덩어리가 큰 육류 요리는 겉면이 타지 않고 속까지 부드럽게 익는 로스트 치킨, 로스트 비프 등에 활용이 편리하다. 고추장이나 간장 양념같이 타기 쉬운 요리법이 많은 한국식 양념 구이 요리에도 적합하다. 스팀 오븐에도 일반 오븐 기능이 함께 내장되어 있으니 용도에 맞게 사용하면 편리하다. 스팀 오븐을 사용할 때에는 오븐 내에서 스팀이 분사 곳이 있기 때문에 확인하고 오븐팬에 요리를 올려 사용해야 효과적으로 활용할 수 있다. 광파 오븐은 다량의 전자 파장이 포함된 빛으로 조리하는 방식으로 열이 음식물 속까지 깊숙이 침투하여 음식물이 겉과 속을 동시에 익혀 빠르게 조리된다. 광파 오븐의 단점은 광파의 세기를 조절하지 못하면 열원에 가까이 있는 음식들은 색이 다소 과하게 날 수 있다. 복합 오븐은 자동 콤비 메뉴를 조리할 때 오븐과 동시에 레인지를 작동시켜 조리 시간을 단축시키는 건열 조리 방식으로 겉부터 색이 날 수 있으므로 온도, 조리 시간, 설정에 유의하도록 한다. 내부 용량 : 30~35ℓ

미니 오븐 전기 오븐의 한 종류로 크기가 작아 이동이 간편하고 조작법이 단순하여 홈베이킹 등에 다양하게 활용할 수 있으나 외관이 빨리 뜨거워지고 내부 세척이 어려운 경우가 있다. 내부 용량이 작기 때문에 예열 없이 그대로 사용해도 괜찮다. 오븐 용기를 넣고 꺼낼 때에는 반드시 장갑을 사용하여 내장되어 있는 전기 열선에 주의한다. 외관의 크기는 작아도 내부 용량이 큰 것으로 고른다. 내부 용량 : 20~25ℓ

오븐 요리 테크닉

오븐 요리를 실패하지 않으려면 몇 가지 사항을 파악해 두어야 합니다. 먼저 우리집 오븐의 특징과 기능, 장점과 단점을 파악합니다. 요리에 따라 예열이 필요한지 그렇지 않은지를 알아두어야 합니다. 식재료의 크기는 일정하게 맞추고 사이를 띄워 굽거나 간은 약간 약하게, 오븐의 상단과 하단을 요령껏 사용하기, 오븐 시트도 적절히 사용하는 테크닉이 필요합니다.

1. 예열하기
예열이란 조리할 온도로 미리 맞춰두는 것으로 조리하기 전에 미리 가열한다고 하여 예열이라고 한다. 빵이나 쿠키류를 굽거나 생선 및 육류 조리 시 오븐을 예열한 후 단시간에 구워내면 더 좋은 맛과 색을 낼 수 있다.
프라이팬을 달구어 요리하는 것처럼 오븐도 예열을 해야 요리가 빨리, 잘된다. 베이킹은 예열을 하는 것이 적당하고 고기 요리는 예열 없이 조리해도 된다. 가스 오븐은 요리에 알맞은 온도로 8~10분 정도, 전기 오븐은 요리에 알맞은 온도로 7~8분 정도 예열한다. 예열할 때에는 오븐팬을 넣어두지 말고 예열이 완료된 후에 오븐팬을 넣어 요리한다.

2. 윗단과 아랫단에서 요리하기
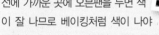
오븐마다 열선의 위치가 다르다. 열선에 가까운 곳에 오븐팬을 두면 색이 잘 나므로 베이킹처럼 색이 나야 하거나 생선이나 구이처럼 노릇노릇해야 하는 것은 열선에 가까운 윗단에, 육류처럼 덩어리가 크거나 오래 굽는 것은 아랫단에 넣는다.

3. 윗단과 아랫단 활용하기
한꺼번에 많은 요리를 해야 할 때에는 오븐팬 2개를 한꺼번에 넣고 요리 시간의 2/3쯤 지나면 윗단과 아랫단을 바꾸어 마저 익히면 된다.

4. 일정한 크기의 재료 넣기

오븐은 간접열이 골고루 돌면서 요리를 익히게 되는데, 오븐 안에 넣는 재료는 비슷한 크기로 넣는다.
베이킹의 경우에는 오븐에 따라서 오븐팬의 가장자리에 담은 쿠키나 머핀 등의 색이 약간 더 날 수 있으니 요리하는 중간에 오븐팬의 위치를 안쪽과 바깥쪽을 바꾸어주고 가장자리에 담는 재료는 작게 넣지 않는다.

5. 오븐장갑 사용하기
오븐팬은 열에 의해 달구어진 상태이므로 반드시 오븐장갑을 끼고 꺼내고 무거운 재료를 넣어 구울 때에는 한 손이 아니라 두 손으로 잡는다. 오븐장갑 대신 젖은 행주를 사용하면 열 전달이 빨라 손을 델 수 있으니 주의한다.

6. 오븐팬 활용하기

오븐은 간접열이 돌아서 요리가 되기 때문에 용기를 바닥에 바로 두지 말고 꼭 오븐팬을 끼우고 올려두는 것이 좋다.

7. 조리 도중 문 열지 않기
조리 도중에는 문을 열지 않는 것이 좋다. 오븐 내부의 온도가 떨어져 음식물의 상태에 영향을 줄 수 있는데 특히 빵이나 쿠키를 굽는 도중에 문을 열면 충분히 부풀지 않거나 모양이 망가질 수 있다.

8. 오븐용기에 음식 담기
요리는 한쪽에 치우쳐 담지 말고 가운데 오도록 담는 것이 좋다.

오븐과 궁합이 잘 맞는 용기

전기레인지처럼 오븐에도 궁합이 잘 맞는 도구와 그렇지 않은 도구가 있어 가려 써야 합니다. 오븐 용기는 깊고 좁은 것보다는 넓고 얕은 것이 적당합니다. 오븐 요리에는 내열성이 뛰어난 내열유리나 내열 사기 그릇 등을 사용하고 베이킹처럼 열 전달이 빨라야 하는 것은 유리 제품보다는 금속성 용기를 사용해야 잘 만들 수 있습니다. 자주 사용하는 오븐용기는 다른 그릇과 섞어서 보관하지 말고 따로 보관하는 것이 좋습니다.

오븐에서 사용할 수 있는 용기 ○

내열유리

바닥에 오븐(oven) 이라고 표기되어 있거나 보르실러케이트(borosilicate) 라고 표기되어 있다. 내열유리는 급속한 열 변화에 약할 수 있으니 뜨거운 오븐에서 바로 찬물에 담그면 균열이 일어날 수 있다. 내열유리는 철 수세미를 사용하지 말고 스펀지를 사용해서 세척한다.

도자기&내열 사기 그릇

직화가 가능한 돌솥이나 뚝배기는 사용할 수 있지만 유약 처리 사기 그릇을 오븐에 사용하다 보면 유약에 금이 가기도 한다.

금속제 용기&제과 제빵 용기

나무나 플라스틱 등의 손잡이가 없는 냄비류, 너무 얇은 스테인리스는 모양의 변형이 일어날 수 있다.

쿠킹포일&종이포일

알루미늄포일, 종이포일, 유산지, 일회용 은박지 접시, 은박지 도시락 등은 사용이 가능하다.

오븐에서 사용할 수 없는 용기 ×

강화유리&일반 유리

강화유리는 외부 충격에는 강하지만 높은 온도에는 약하기 때문에 오븐용기로 적합하지 않다. 다만 발효를 시키거나 건조 기능을 사용할 때에는 온도가 낮기 때문에 사용할 수 있다.

나무 그릇&칠기

오븐의 높은 온도에 의해 타거나 모양이 변형될 수 있다.

유약을 칠한 도자기

사용하다 보면 유약에 금이 가므로 사용하지 않는 것이 좋다.

플라스틱 손잡이가 달린 스테인리스

스테인리스 용기는 오븐에서 사용할 수 있으나 플라스틱 손잡이가 달린 제품은 사용할 수 없다.

비닐봉지&랩

랩이나 비닐봉지 등은 열에 의해 탈 수 있으니 절대 사용하지 않는다.

▶ Tip 오븐 청소법

생선이나 고기를 구운 후에는 냄새가 밸 수 있으니 요리가 끝나서 온기가 남아 있을 때 젖은 행주로 가볍게 닦는다. 이때 베이킹소다를 묻히면 더 잘 닦을 수 있다.

Q&A 내겐 너무 어려운 그대, 오븐

Q1. 빌트인 가전으로 오븐이 있는데 1년 정도 사용하지 않았어요. 오랫동안 사용하지 않은 오븐의 청소법과 재사용 팁을 알려주세요.
A1. 젖은 행주로 오븐 내부를 말끔히 닦아낸 다음 아무것도 넣지 않고 200℃에서 10~15분 정도 가열한 후 사용한다.

Q2. 빵이나 쿠키 등을 만들 때 예열을 하라고 표기되어 있는데요. 예를 들면 '230℃로 예열한 오븐에서 15분 정도 굽는다'라고 적혀 있으면 어떻게 예열을 해야 하나요?
A2. 예열은 베이킹을 하기 전에 오븐을 미리 데우는 과정으로 온도를 230℃로 맞추어 5~10분 정도 예열을 하면 된다. 온도에 따라 예열 시간이 달라질 수 있으니 예열이 다 되면 신호음이 울리는 예열 기능을 활용하면 편리하다.

Q3. 팬에 생선을 구우면 온 집 안에 냄새가 진동하여 오븐을 주로 이용하는데요. 생선을 굽고 나서 오븐에 밴 생선이나 음식 냄새를 없애는 법을 알려주세요.
A3. 생선을 구울 때 냄새가 심하게 나는 주요 원인은 가열된 기름 때문이다. 생선을 굽고 나서 오븐이 완전히 식기 전에 젖은 행주에 베이킹 소다를 묻혀 오븐의 내부를 닦아내거나 오븐의 기능에 따라 세척 기능과 건조 기능을 이용하면 냄새를 없앨 수 있다.

Q4. 요즘 그릴기, 전자레인지, 식품 건조기, 발효기, 에어 프라이어 등의 기능을 가진 멀티 오븐이 많은데요. 오븐을 써본 적이 없는데 어떤 오븐을 구입하는 게 좋을까요?
A4. 먼저 집에 있는 다양한 조리 도구 등을 확인한 후 오븐을 선택하는 것이 좋다. 식품 건조기나 전자레인지, 발효기 등 여러 가지 조리 도구가 없다면 이러한 기능을 가진 멀티 오븐을 구입하는 것이 현명하고, 조리 도구가 있다면 단순 기능의 오븐을 선택하는 것도 방법이다.

Q5. 저칼로리, 저염분, 비타민 보존 등 웰빙 조리가 가능하다는 스팀 오븐에 관심이 있어요. 스팀 오븐의 특징은 무엇인가요?
A5. 스팀 오븐은 고열의 오븐에서 스팀이 분사되어 요리의 겉은 바삭하면서 속은 부드럽게 익는다. 평소 양념이 많은 한식 요리나 생선구이, 통닭구이 등을 주로 요리한다면 스팀 오븐을 추천한다.

Q6. 오븐은 열이 나는 가전이라 놓는 위치도 중요하다고 들었어요. 부엌이 좁아서 전자레인지와 전기밥솥을 둔 장에 같이 넣으려고 하는데, 괜찮을까요?
A6. 오븐도 냉장고처럼 뒤쪽에서 열이 발생하므로 뒤쪽의 공간을 10cm 정도 띄어 설치하는 게 좋다. 또 위, 양옆도 어느 정도 간격

(뒷면과 좌우 10cm, 윗면 20cm 이상)을 두고 놓아야 한다. 간혹 전자레인지와 밥솥을 넣은 장이나 아일랜드 식탁에 넣어도 되느냐고 묻기도 하는데 장이나 아일랜드 식탁의 재질이 열에 약한 것이라면 설치하지 않는 게 좋다. 또 인조대리석이나 비닐, 유리 위에 설치하는 것을 피해야 하며 통풍이 잘 되는 평평한 장소가 제격이다.

Q7. 광파 오븐은 적외선 파장이 나와 음식을 고르게 익히며 육류나 생선 요리가 잘된다고 들었는데요. 다양한 오븐 제품 중 특정 요리가 잘되는 오븐이 따로 있나요?
A7. 광파 오븐은 육류나 생선 요리가 잘되고 스팀 오븐은 겉은 바삭하고 속은 부드러운 바게트, 슈와 같은 베이킹과 양념이 진한 요리가 타지 않고 잘된다.

Q8. 오븐팬에 쿠킹포일이나 유산지를 깔고 사용하라고 하는데 그 이유가 뭔가요?
A8. 반드시 오븐팬에 쿠킹포일이나 유산지를 깔아야 되는 것은 아니다. 오븐팬 쿠킹포일이나 유산지 등을 깔고 조리하면 요리 후 뒷 정리가 간편하다.

Q9. 오븐에서 생선을 구울 때 껍질이 잘 벗겨지는데 어떻게 하면 생선의 껍질이 벗겨지지 않고 부스러지지 않게 구울 수 있나요?
A9. 오븐이나 브로일러에서 생선을 구울 때에는 앞뒤로 뒤집지 않아도 생선 속까지 다 익는다. 그러나 생선의 양쪽 면을 모두 바삭바삭하게 구울 때에는 뒤집어주는 것이 좋다. 생선은 익기 시작할 때 가장 부스러지기 쉬우니 거의 다 익을 때까지 뒤집지 말고 그대로 구웠다가 익은 후에 뒤집는다. 기름기가 많은 고등어, 꽁치 같은 생선은 괜찮지만 갈치나 조기 등은 더 잘 부스러지니 생선을 굽는 그릴(석쇠)에 식용유를 살짝 바르고 구우면 껍질이 벗겨지지 않는다.

Q10. 오븐 요리를 하기 위해서는 오븐의 온도와 시간을 다 외우거나 요리할 때마다 일일이 확인해야 하나요? 간단히 온도와 시간을 확인할 수 있는 방법은 없을까요?
A10. 베이킹류는 대부분 180~200℃ 사이에서 조리된다. 쿠키나 머핀은 크기에 따라서 온도와 시간이 달라지니 구우면서 중간에 색을 확인하여 온도를 조절하는 게 좋다. 육류나 생선 요리는 220~250℃의 고온에 구워야 잘 익는다. 그 외 요리는 대부분 200~220℃ 사이에 두면 너무 많이 익거나 타게 되는 경우가 없으니 중간에 요리의 상태를 확인하면서 시간을 조절한다. 많은 오븐이 자동 기능이 내장되어 있으니 자동 기능을 활용한다면 특별하게 오븐의 온도가 시간을 기억할 필요는 없다.

철 있는 식재료 달력

봄

3월

Vegetable 냉이, 달래, 돌나물, 두릅, 머위, 봄동, 상추, 쑥, 쑥갓, 원추리, 얼갈이배추, 열무

Seafood 가자미, 굴, 김, 꼬막, 도미, 모시조개, 미역, 바지락, 병어, 조기, 주꾸미, 키조개, 톳, 파래

Fruit 귤, 딸기, 레몬

4월

Vegetable 냉이, 돌나물, 두릅, 봄동, 부추, 상추, 시금치, 쑥, 쑥갓, 아스파라거스, 양배추, 양상추, 얼갈이배추, 열무, 죽순, 취나물

Seafood 꽃게, 도미, 멸치, 모시조개, 바지락, 병어, 주꾸미, 키조개

Fruit 딸기, 레몬, 살구

5월

Vegetable 마늘, 부추, 상추, 양배추, 양파, 얼갈이배추, 열무, 파

Seafood 갑오징어, 고등어, 꽁치, 꽃게, 넙치, 도미, 멍게, 멸치, 병어, 오징어, 잔새우, 전복, 주꾸미, 참치, 키조개

Fruit 딸기, 레몬, 앵두, 자두, 체리

여름

6월

Vegetable 감자, 근대, 깻잎, 껍질콩, 마늘, 부추, 상추, 셀러리, 시금치, 애호박, 양배추, 양파, 얼갈이배추, 오이, 옥수수, 파프리카, 풋콩

Seafood 고등어, 민어, 병어, 삼치, 오징어, 전갱이, 전복, 조기

Fruit 매실, 복분자, 복숭아, 블루베리, 살구, 수박, 앵두, 오디, 자두, 참외

7월

Vegetable 근대, 깻잎, 노각, 도라지, 부추, 브로콜리, 상추, 셀러리, 애호박, 양배추, 오이, 옥수수, 토마토, 파프리카, 피망

Seafood 갈치, 갑오징어, 광어, 오징어, 장어, 홍어

Fruit 멜론, 복분자, 복숭아, 블루베리, 수박, 아보카도, 참외, 포도

8월

Vegetable 근대, 깻잎, 노각, 도라지, 부추, 브로콜리, 상추, 셀러리, 애호박, 오이, 옥수수, 토마토, 파프리카, 피망

Seafood 갈치, 성게, 오징어, 장어, 전복

Fruit 멜론, 복숭아, 수박, 참외, 포도

제철에 난 식재료를 중심으로 밥상을 차려 정해진 시간에
꼬박꼬박 먹으면 이보다 더 좋은 음식보약은 없습니다.
때에 따라 찾아먹어야 하는 제철 식재료를 열두 달 달력으로 만들었습니다.

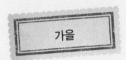

가을

9월

Vegetable 고구마, 고추, 깻잎, 당근, 부추, 오이, 옥수수, 토란, 토마토, 표고버섯, 호박

Seafood 갈치, 꽃게, 새우, 연어, 오징어, 장어, 전어, 조기

Mushroom 느타리버섯, 표고버섯 등의 버섯류

Fruit 무화과, 배, 사과, 석류, 포도

10월

Vegetable 고구마, 당근, 대파, 무, 배추, 부추, 순무, 쪽파, 호박

Seafood 가자미, 갈치, 고등어, 광어, 굴, 꽁치, 꽃게, 대하, 대합, 삼치, 소라, 전어, 청어, 홍합

Mushroom 느타리버섯, 송이버섯, 표고버섯 등의 버섯류

Fruit 감, 대추, 모과, 밤, 배, 사과, 석류, 오미자, 유자, 은행, 잣

11월

Vegetable 당근, 대파, 무, 배추, 연근, 우엉, 쪽파, 호박

Seafood 갈치, 고등어, 광어, 굴, 김, 꼬막, 꽁치, 꽃게, 대구, 대하, 대합, 모시조개, 문어, 미역, 바지락, 삼치, 생태, 소라, 전어, 키조개, 톳, 파래, 홍합

Mushroom 송이버섯, 표고버섯, 느타리버섯 등의 버섯류

Fruit 감, 대추, 모과, 사과, 석류, 오미자, 유자, 은행, 잣, 키위

겨울

12월

Vegetable 당근, 무, 배추, 산마, 시금치, 시래기, 연근, 콜리플라워

Seafood 가자미, 갈치, 고등어, 광어, 굴, 김, 꼬막, 낙지, 넙치, 대구, 모시조개, 문어, 미역, 바지락, 방어, 복어, 삼치, 새우, 생태, 영덕게, 키조개, 톳, 파래, 홍합

Fruit 귤, 키위

1월

Vegetable 당근, 무, 시금치, 연근, 우엉

Seafood 갈치, 고등어, 굴, 김, 꼬막, 낙지, 대구, 동태, 모시조개, 문어, 미역, 민어, 바지락, 병어, 삼치, 새우, 생태, 키조개, 톳, 파래, 홍합

Fruit 귤

2월

Vegetable 냉이, 달래, 당근, 미나리, 시금치, 연근, 우엉, 움파

Seafood 고등어, 광어, 굴, 김, 꼬막, 낙지, 다시마, 대구, 동태, 모시조개, 미역, 바지락, 삼치, 생태, 전복, 키조개, 톳, 파래, 홍합

Fruit 귤, 레몬

냉장·냉동 식품의 보존 기간

냉장식품

육류 다진 고기 1일
닭고기 1일
두툼한 쇠고기·돼지고기 1~2일
베이컨 3~4일
삼겹살 1~2일
소시지 3~4일
얇게 썬 쇠고기·돼지고기
1~2일
햄 3~4일

해산물 명란젓 1주
모시조개 1~2일
바지락 1~2일
새우 1~2일
생선 1~2일
오징어 1~2일
키조개 1~2일
토막 낸 생선 1~2일

채소 가지 3~4일
감자 1주 *1개월(실온 보관)
단호박 4~5일(자른 것)
*2~3개월(실온 보관)
당근 4~5일
대파 1주
마 1주(자른 것)

*1개월(실온 보관)
무 4~5일
배추 1개월(통배추),
3~4일(자른 것)
부추 3~4일
브로콜리·콜리플라워 2~3일
생강 1주
시금치 3~4일
애호박 3~4일
양배추 2주
양상추 3~4일
양파 1주 * 1~2개월(실온 보관)
오이 3~4일
옥수수 3~4일
우엉 1주
콩나물 1~2일
토마토 3~4일
풋콩 2~3일
피망 1주
허브 2~3일

과일 딸기 2~3일
레몬 2주
멜론 1~2일
무화과 1~2일
배 7~10일
사과 1~2주

수박 1~2일
오렌지 1개월
파인애플 1~2일(자른 것)
*3~4일(실온 보관)
포도 2~3일

기타 달걀 5주
두부 2~3일
마가린 2주
밤 2주
밥 1일
버섯 1주
버터 2주
생크림 1~2일
요구르트 2~3일
우유 2~3일
은행 1개월
치즈 1~2주

옛날 곳간과 텃밭을 대신하는 냉장고는 뭐든지 넣어두기만 하면
영원히 보존할 수 있는 요술 상자가 아닙니다.
냉장고에 넣든 냉동실에 넣든 식품의 보존 기간은 존재합니다.
건강한 밥상을 차리려면 냉장고와 냉동고를 똑똑하게 이용해야 합니다.
알아두면 좋을 냉장과 냉동 식품의 보존 기간을 소개합니다.

냉동식품

육류
다진 고기 2주
닭고기 2주
두툼한 쇠고기·돼지고기 2주
베이컨 1개월
삼겹살 1개월
소시지 1개월
얇게 썬 쇠고기·돼지고기 2주
햄 1개월

해산물
명란젓 2~3주
모시조개 1~2주
바지락 1~2주
새우 1개월
생선 2주
어묵 1개월
오징어 2주
키조개 2주
토막 낸 생선 2~3주

채소
가지 1개월
감자 1개월
고구마 1개월
단호박 1개월
당근 1개월
대파 1개월
마 2주

마늘 1개월
무 1개월
부추 1개월
브로콜리·콜리플라워 1개월
생강 1개월
숙주나물 2주
시금치 2~3주
애호박 2주
양배추 1~2주
양파 1개월
옥수수 1개월
우엉 1개월
콩나물 2주
토마토 1개월
풋콩 1개월
피망 1개월

과일
감 1개월
귤 1개월
딸기 1개월
레몬 1개월
멜론 1개월
무화과 1개월
바나나 1개월
배 1개월
수박 1개월
오렌지 1개월

키위 1개월
파인애플 1개월
포도 1개월

기타
밤 1개월
밥 1개월
버섯 2주
버터 1개월
생크림 2주
은행 1개월
치즈 1개월
허브 2주

■ 냉동 보관하는 식재료는 생것 그대로 보
관하는 것도 있고, 데치거나 익혀 보관해
야 하는 것도 있다.

1

오븐으로 해결하는 밥과 반찬

오븐으로는 '겨우 빵이나 쿠키 따위를 구워 먹는 거 아니야?'라고 크게 오해하는 분들이 아주 많습니다. 아파트에 사는 친구들 집에 놀러 가면 빌트인 가전으로 가스레인지 아래에 들어가 있기 마련인 오븐을 오븐이 아닌 잡다한 주방 소품을 넣어두는 창고쯤으로 여깁니다. 오븐으로 밥도 해 먹고 반찬도 만들어 먹을 수 있습니다. 여러분이 미처 몰랐던 재주 많은 오븐의 세계로 안내합니다. 우리는 밥심으로 사는 한국인이니 가장 먼저 밥과 반찬 레시피로 오븐 요리를 시작합니다.

오븐에 지은 잡곡밥

◆◇◆◇◆◇◆◇◆◇◆

2인분
요리 시간 30분

재료
검은콩 1
물 1컵+1/2컵
쌀 1컵
수수 1
조 1

대체 식재료
쌀 ▶ 찹쌀

Cooking Tip
밥을 지을 때 뜨거운 물을
넣으면 더 빨리 지을 수
있어요. 가족 수에 맞추어
작은 뚝배기에 밥을 지으면
1인분씩 상에 낼 수 있어요.

뚝배기에
지어도 좋아요

❶ 검은콩은 씻어서 물
1컵＋1/2컵에 30분 정도
불려 검은콩은 건져내고
물은 따로 담아둔다.

❷ 쌀과 수수, 조는
깨끗하게 씻어 물에
20분 정도 불린다.

❸ 오븐용기에 불린
쌀과 수수, 조, 검은콩과
콩 불린 물 1컵＋1/5컵을
넣고 뚜껑을 덮거나
쿠킹포일을 씌운다.

❹ 오븐 하단에 용기를
얹고 250℃로 예열한
오븐에서 25분 정도
익힌다.

단호박 영양밥

2인분
요리 시간 30분

재료
단호박 1개
밤 3개
대추 2개
멥쌀 1/2컵
찹쌀 1/2컵
검은쌀 1
잣 1
소금 약간
물 1컵

대체 식재료
밤 ▶ 고구마, 마

단호박 씨는
숟가락으로
긁어내면 편해요

❶ 단호박은 깨끗이
씻어 반으로 잘라 씨를
제거하고 밤은 먹기
좋은 크기로 썰고
대추는 돌려깎기해
4등분한다.

❷ 멥쌀, 찹쌀, 검은쌀은
깨끗이 씻어 20분 정도
불린다.

250℃로
예열한오븐에
넣어 25분 정도
익혀도 돼요

❸ 솥에 불린 쌀과 밤,
대추, 잣을 넣고 소금
약간과 물 1컵을 넣어
밥을 짓는다.

❹ 단호박에 영양밥을
넣고 쿠킹포일로 덮은
다음 200℃로 예열한
오븐에서 15~20분 정도
익힌다.

견과류 약식

떡집 앞을 지날 때면 약식을 꼭 사먹게 돼요. 이렇게 좋아하는 약식을
오븐으로 간단하게 할 수 있는 방법을 알게 되면서 약식은 우리집 비상식량이
되었어요. 조금씩 포장해 두었다가 꺼내어 먹으면 매일 떡집에 다녀온 것 같아요.

Cooking Tip

약식에는 설탕이 많이
들어가므로 오븐용기의
가장자리가 쉽게 탈 수 있으니
가장자리와 바닥을 주걱으로
잘 섞어야 타지 않아요

◆◇◆◇◆◇◆◇◆◇◆◇◆◇◆◇◆◇◆◇◆◇◆◇◆◇◆◇◆◇◆◇◆◇◆◇◆

2인분	주재료	약식물 재료	대체 식재료
요리 시간 40분	찹쌀 2컵 밤 8개 대추 10개 잣 2	흑설탕 2/3컵 간장 1.5 식용유 1.5 참기름 1.5 물 1컵+3/5컵	밤 ▶ 고구마, 단호박

찹쌀은 충분히
불리지 않으면 약식이
딱딱하니 충분히
불리세요

❶ 찹쌀은 씻어 5시간 정도 물에 불려 체에 받쳐 물기를 완전히 빼고 밤은 속껍질을 벗기고 3~4등분하고 대추는 씨를 빼내 4~5등분하고 잣은 고깔을 떼어낸다.

❷ 냄비에 약식물 재료인 흑설탕 2/3컵, 간장 1.5, 식용유 1.5, 참기름 1.5, 물 1컵＋3/5컵을 넣고 설탕이 녹을 때까지 살짝 끓인다.

❸ 오븐용기에 찹쌀, 밤, 대추, 잣을 고루 섞어 담고 약식물을 붓는다.

밥이나 약식을
만들 때는 넓고
얕은 오븐용기가
좋아요

❹ 뚜껑이나 쿠킹포일을 덮어 230℃로 예열한 오븐에서 25분 정도 익힌다.

❺ 약식을 꺼내 양념이 타지 않게 고루 섞은 후 200℃로 온도를 내려 15~20분 정도 더 익혀 그대로 먹거나 틀에 굳혀 식으면 먹기 좋게 자른다.

삼치
된장구이

◆ ◇ ◆ ◇ ◆ ◇ ◆ ◇ ◆ ◇ ◆

2인분
요리 시간 25분

재료
삼치 1마리
마요네즈 1.5
일본된장(미소) 1
청주 1
올리브오일 1
레몬 1/4개

대체 식재료
일본된장 1 ▶ 시판 된장 0.5,
집된장 0.3

Cooking Tip
삼치를 구울 때 젓가락으로
뒤집으면 살이 다 익지 않아
부스러지기 쉬우니 뒤집개나
주걱 등으로 뒤집으세요.

물에 오래
씻으면 오히려
비린내가
날 수 있어요

❶ 삼치는 구이용으로
손질한 것을 준비하여
물에 한번 씻어
키친타월로 물기를
제거한다.

❷ 마요네즈 1.5,
일본된장 1, 청주 1,
올리브오일 1을 고루
섞어 삼치의 앞뒤에
고르게 바른다.

❸ 오븐팬에 쿠킹포일과
키친타월을 깔고
스프레이로 물을 촉촉이
뿌린 다음 석쇠를 얹고
삼치의 껍질이 위로
오도록 올린다.

❹ 230℃로 예열한
오븐에서 15분 정도
굽다가 꺼내어 삼치를
뒤집어 5분 정도 더
굽는다.

2인분
요리 시간 25분

재료
삼치 1마리
굵은소금 0.5
후춧가루 약간
올리브오일 약간

Cooking Tip
삼치 소금구이에는 간장 1,
맛술 0.5, 고추냉이 약간을
섞은 고추냉이 간장을
곁들이세요.

삼치
소금구이

❶ 삼치는 구이용으로
준비하여 가시를
제거하고 먹기 좋은
크기로 잘라 칼집을
넣는다.

❷ 삼치는 물로 씻어
키친타월로 물기를
닦아내고 굵은소금
0.5와 후춧가루 약간을
뿌려 밑간한다.

❸ 오븐팬에 쿠킹포일과
키친타월을 깔고
스프레이로 물을 촉촉이
뿌린 다음 석쇠를 얹고
삼치의 껍질이 위로
오도록 올린다.

❹ 230℃로 예열한
오븐에서 15분 정도
굽다가 꺼내어 삼치를
뒤집어 5분 정도 더
굽는다.

조기
소금구이

◆◇◆◇◆◇◆◇◆◇◆

2인분
요리 시간 20분

재료
조기 2마리(약 150g)
굵은소금 1

Cooking Tip
조기처럼 머리, 꼬리를
그대로 남겨 통째로 굽는
생선은 배를 가르지 않고
아가미 쪽에서 내장을
빼내면 생선 모양을 유지할
수 있어요. 나무젓가락을
내장 쪽으로 찔러 넣어
돌리면 내장이 감겨 나와요.

작은 생선은
머리와 꼬리가 타기
쉬우므로 굽기 전에 머리와
꼬리를 쿠킹포일로 감싸세요.
또 조기처럼 부드러운 생선은
완전히 익은 후에 뒤집어야
부스러지지 않아요.

❶ 조기는 칼로 비늘을
살살 벗기고 내장을
제거한 후 깨끗이
손질하고 물에 씻어
키친타월로 물기를
제거하여 앞뒤로 칼집을
넣는다.

❷ 굵은소금을 뿌려
5분 정도 두었다가
키친타월로 물기를 잘
제거한다.

❸ 오븐팬에 쿠킹포일과
키친타월을 깔고
스프레이로 물을 촉촉이
뿌린 다음 석쇠를 얹고
조기를 얹은 다음
그릴에서 10분 정도
구운 후 뒤집어 5분 정도
더 굽는다.

도루묵
소금구이

Grilled Fish

2인분
요리 시간 25분

재료
도루묵 4마리
굵은소금 0.5
후춧가루 약간

Cooking Tip
도루묵은 조선시대
선조가 피난길에 맛보고
'은어'라는 이름을
주었다가, 다시 맛을 본
후 맛이 예전 같지 않다며
도로 '묵'이라 명하였다는
생선이에요. 가을 전어가
맛있다고 하는데 알이 꽉
찬 도루묵을 소금에 구워
먹으면 '은어'라 부르고
싶어진답니다.

❶ 도루묵은 깨끗이
씻어 키친타월로 물기를
제거하고 가위로
지느러미를 잘라낸다.

❷ 굵은소금과
후춧가루를 뿌려
밑간한다.

❸ 오븐팬에 키친타월을
깔고 스프레이로 물을
촉촉이 뿌린 다음 석쇠를
얹고 도루묵을 올려
250℃로 예열한 오븐에서
15분 정도 굽는다.

41

허브 고갈비

오븐에 노릇노릇하게 구운 자반고등어 한 마리를 그대로 접시에 담으면
어떤 갈비구이도 부럽지 않아요. 등푸른 고등어의 살은 촉촉하고 껍질은
바삭바삭하니 반찬으로, 술안주로 인기예요. 오븐에서는 뒤집지 않아도
골고루 구워지니 고갈비 굽는 동안 다른 반찬을 준비하세요.

2인분
요리 시간 30분

재료
자반고등어 1마리
다진 로즈메리 1/2줄기분
맛술 1
후춧가루 약간
레몬 1/4개

대체 식재료
로즈메리 1/2줄기 ▶
로즈메리가루 0.2,
카레가루 0.5,
오레가노 0.2

그릴 기능이 있는 오븐이라면 생선을 그릴에 굽지만, 그릴 기능이 없는 오븐이라면 생선의 크기에 따라서 230~250℃에서 온도를 조절하면서 구워요. 고등어나 꽁치처럼 기름기가 많은 생선은 오븐팬에 올려 그대로 구우면 기름이 빠지지 않아 바삭바삭하지 않은데 석쇠를 올리고 구워야 기름기가 잘 빠져요. 생선에서 빠진 기름은 오븐에서 가열되어 연기가 날 수 있으니 오븐팬에 키친타월을 깔고 스프레이로 물을 촉촉이 뿌리거나 물을 부으면 생선 기름이 가열되지 않아 연기도 나지 않고 냄새도 잘 나지 않아요. 또 오븐용기도 쉽게 닦을 수 있어요. 그러나 물을 너무 많이 부으면 물이 가열되면서 증기가 발생되어 생선이 눅눅하게 조리될 수 있으니 물은 약간만 넣으세요.

❶ 자반고등어는 물에 씻어 키친타월로 물기를 제거하여 칼집을 넣고 로즈메리는 다진다.

❷ 손질한 자반고등어에 맛술, 다진 로즈메리, 후춧가루 약간을 뿌려 10분 정도 재운다.

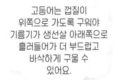

고등어는 껍질이 위쪽으로 가도록 구워야 기름기가 생선살 아래쪽으로 흘러들어가 더 부드럽고 바삭하게 구울 수 있어요.

❸ 오븐팬에 키친타월을 깔고 스프레이로 물을 촉촉이 뿌린 다음 석쇠를 얹고 고등어를 껍질이 위로 오도록 올린다.

❹ 230℃로 예열한 오븐에서 고등어를 15분 정도 구워 접시에 담고 레몬 1/4개를 곁들인다.

생물
고등어구이

◆ ◇ ◆ ◇ ◆ ◇ ◆ ◇ ◆ ◇ ◆

2인분
요리 시간 20분

재료
고등어 1마리(300g)
올리브오일 1
레몬 1/4개

Cooking Tip

오븐에 따라 약간의 차이는 있으나 일반적으로 그릴 온도는 250℃로 설정되어 있어요. 그릴을 작동시킬 때에는 열선이 직화처럼 작동하여 더욱 노릇노릇하게 구워져요.
오븐은 공기에 의해 골고루 구워지니 생선구이는 오븐이나 그릴, 둘 다 사용해도 좋아요.
생물 고등어를 통째로 구울 때에는 겉은 바삭하게 구워지지만 속이 익지 않을 수 있으니 중간에 오븐의 온도를 20~30℃ 정도 내려서 구우면 껍질은 더 이상 색이 나지 않고 속까지 익힐 수 있어요.

❶ 고등어는 깨끗이 씻어 손질한 다음 머리를 잘라내고 몸통에 칼집을 넣는다.

❷ 고등어의 앞뒤에 올리브오일을 골고루 바른다.

❸ 오븐팬에 키친타월을 깔고 스프레이로 물을 촉촉이 뿌린 다음 석쇠를 얹고 고등어를 껍질이 위로 오도록 올린다.

❹ 250℃에서 15분 정도 굽다가 꺼내어 고등어를 뒤집어 다시 오븐에 넣고 5~8분 정도 더 구워 접시에 담고 레몬을 곁들인다.

44

◆◇◆◇◆◇◆◇◆◇◆

2인분
요리 시간 20분

재료
새우(구이용) 12마리
굵은소금 1컵
스위트 칠리소스 2

Cooking Tip
새우를 굽고 남은
굵은소금은 말려 방망이로
깨뜨려서 다시 사용해도
돼요.

새우
소금구이

Grilled Fish

❶ 새우는 등 쪽에
이쑤시개나 꼬치로 찔러
검은 내장을 빼낸다.

❷ 오븐팬에 쿠킹포일을
깔고 굵은소금 1컵을
얇게 펼쳐 담고 새우를
올린다.

❸ 250℃로 예열한
오븐에서 10분 정도 구워
그릇에 담고 스위트
칠리소스 2를 곁들인다.

모둠
조개구이

◆◇◆◇◆◇◆◇◆◇◆

2인분
요리 시간 25분
(조개 해감 시간 제외)

주재료
조개(모시조개, 바지락,
가리비 등) 400g
굵은소금 약간
레몬 1개

초고추장 재료
고추장 2
식초 1
매실청 1
설탕 0.3

대체 식재료
설탕 ▶ 올리고당

Cooking Tip
조개는 크기나 종류에
따라 굽는 시간이 다를 수
있어요. 조개를 구울 때에는
오븐팬에 같은 종류별로
모아 담아야 꺼내기
편리해요. 또 조개 입이
벌어지면 익은 것이니 여러
종류의 조개를 한꺼번에
구울 때는 입을 벌린
것부터 먼저 꺼내세요.

소라를 함께
구워도 좋아요

레몬은 먹기
직전에 뿌리세요

❶ 조개는 모시조개,
바지락, 가리비 등으로
준비하여 흐르는 물에
껍질을 깨끗이 씻어 옅은
소금물에 30분 정도
담가 해감하여 체에 건져
물기를 뺀다.

❷ 오븐팬에
종이포일이나
쿠킹포일을 깔고 조개를
올린다.

❸ 250℃의 오븐에서
10분 정도에서 구워
접시에 담고 고추장 2,
식초 1, 매실청 1, 설탕
0.3을 섞어 레몬과 함께
곁들인다.

오븐으로 생선 쉽게, 잘 굽는 법

팬에 생선 한 토막을 구우려 해도 집 안에 진동하고 잘 빠지지도 않는 특유의
냄새에 엄두를 못 내었다면 오븐을 이용하세요. 팬에 생선을 구우면 기름이 튀기
쉽고 연기가 나며 냄새도 나요. 손질한 생선을 오븐이나 그릴에 구우면 기름도
튀지 않고 연기도 나지 않으며 살이 부스러지지 않아 더 맛있게 먹을 수 있어요.
오븐은 열이 돌면서 생선을 익히기 때문에 온 신경을 기울여 타이밍을 조율해가며
앞뒤를 뒤집을 필요가 없어요. 또 큰 생선도 오븐에 넣기만 하면 뚝딱 구워지고
살이 도톰한 생선도 겉면을 타지 않게 구울 수 있으니 오븐을 똑똑한 생선구이
전용 도구라 할 수 있어요.

오븐에 생선 굽는 달인의 팁

❶ 생선을 구울 때 오븐팬에 키친타월을 깔고 스프레이로 물을 촉촉이 뿌린 다음
석쇠를 얹고 생선을 올려 구워요.

❷ 고등어나 꽁치처럼 굽는 동안 기름이 많이 나오는 생선은 오븐팬에 쿠킹포일과
키친타월을 깔고 스프레이로 물을 촉촉이 뿌린 다음 석쇠를 얹으세요.

❸ 그릴 기능이 있는 오븐이라면 생선을 그릴에 굽지만, 그릴 기능이 없다면
생선의 크기에 따라서 230~250℃에서 온도를 조절하면서 구워요.

❹ 생선을 굽고 나면 오븐에 생선의 기름기가 튈 수 있으니 오븐을 꺼두었다가
약간의 열기가 있을 때 젖은 행주에 베이킹 소다 약간을 묻혀서 가볍게 닦거나
키친타월로 바로 닦아내면 냄새를 없앨 수 있어요.

Tip 머리, 꼬리가 있는 생선은 접시에 담을 때 생선 머리가 왼쪽, 꼬리가 오른쪽, 생선 배가 먹는
사람 쪽으로 가도록 담아요. 내장을 손질할 때나 석쇠에 올려 구울 때에도 접시에 담는 방향을
확인한 후에 손질하세요.

장어 양념구이

◆◇◆◇◆◇◆◇◆◇◆◇◆

2인분
요리 시간 40분

주재료
장어 2마리
청주 1
생강즙 1
깻잎 약간
마늘 · 풋고추 약간씩

간장 양념 재료
간장 1컵
맛술 1컵
청주 1/2컵
설탕 4
양파 1/2개
대파 1/2대
마늘 2쪽
계피(3cm 길이) 1조각

Cooking Tip
양념을 발라서 굽는 구이 요리는 타기 쉽지만 오븐을 이용하면 많은 재료의 구이라도 한꺼번에 타지 않게 구울 수 있어요. 쿠킹 팁은 양념을 한꺼번에 다 바르지 않고 애벌로 구워 다시 한 번 양념을 바르고 구우면 윤기도 나고 양념도 덜 사용하게 되어 나트륨 섭취도 줄일 수 있어요.

> 장어는 기름기가 많아 찌듯이 익힐 수 있는 스팀 오븐이 가능한 오븐이라면 더욱 담백한 장어구이를 맛볼 수 있어요

> 먼저 바른 소스가 지글지글 끓을 때 소스를 덧바르세요

❶ 손질한 장어에 청주 1과 생강즙 1을 넣고 10분 정도 재웠다가 200℃의 오븐에서 10분 정도 굽는다.

❷ 냄비에 간장 1컵, 맛술 1컵, 청주 1/2컵, 설탕 4, 양파 1/2개, 대파 1/2대, 마늘 2쪽, 계피 1조각을 넣고 끓여 끓기 시작하면 은근한 불로 줄이고 걸쭉해질 때까지 10분 정도 끓인다.

❸ 오븐팬에 키친타월을 깔고 스프레이로 물을 촉촉이 뿌린 다음 석쇠를 얹고 장어를 올려서 220℃의 오븐에서 앞뒤로 소스를 바르고 3분 정도 굽는다. 오븐에서 장어를 꺼내 양념을 3~4번 발라가며 5~6분 정도 더 굽는다.

❹ 그릇에 장어를 담고 깻잎과 마늘, 풋고추를 먹기 좋게 썰어 곁들인다.

48

2인분
요리 시간 25분

주재료
더덕 6뿌리
굵은소금 약간

양념장 재료
고추장 2
고춧가루 0.3
간장 0.3
설탕 0.5
물엿 0.5
참기름 0.5
깨소금 0.5

대체 식재료
더덕 ▶ 도라지

더덕구이

Grilled seasoned

❶ 더덕은 껍질을 벗겨 물에 씻은 다음 큰 것은 반으로 가르고 찬물에 굵은소금을 약간 넣어 10분 정도 절여 물기를 빼고 방망이로 살살 두들겨 납작하게 편다.

❷ 고추장 2, 고춧가루 0.3, 간장 0.3, 설탕 0.5, 물엿 0.5, 참기름 0.5, 깨소금 0.5를 한데 섞어 양념장을 만든다.

❸ 더덕에 양념장을 골고루 발라서 재운다.

❹ 오븐팬에 쿠킹포일을 깔고 더덕을 올려 220℃의 오븐에서 7~8분 정도 굽는다

가지 양념구이

◆◇◆◇◆◇◆◇◆◇◆

2인분
요리 시간 20분

주재료
가지 2개

간장 양념 재료
고추장 2
고춧가루 0.3
간장 0.3
설탕 0.3
물엿 1
참기름 0.5
생강가루 약간
깨소금 약간

Cooking Tip
가지에 양념장을 골고루 바르지 않으면 양념이 많이 묻은 곳은 쉽게 타요.

❶ 가지는 꼭지를 떼어내고 길이로 도톰하게 슬라이스한다.

❷ 고추장 2, 고춧가루 0.3, 간장 0.3, 설탕 0.3, 물엿 1, 참기름 0.5, 생강가루와 깨소금 약간씩을 한데 섞어 양념장을 만든다.

❸ 오븐팬에 쿠킹포일을 깔고 가지를 얹어 양념장을 골고루 바른다.

❹ 200℃의 오븐에서 7~8분 정도 굽는다.

◆◇◆◇◆◇◆◇◆◇◆

2인분
요리 시간 25분

주재료
쇠고기(불고기감) 250g
우엉 1/4대
당근 · 마늘종 50g씩
소금 · 후춧가루 약간씩

양념 재료
간장 1.5
굴소스 0.3
물엿 1
맛술 1
설탕 0.5
후춧가루 · 참기름 약간씩

Cooking Tip
육류 요리를 가장 부드럽고 맛있게 조리할 수 있는 도구 중의 하나가 오븐이에요. 단백질이 주인 육류는 가열법에 의해 부드러운 정도가 결정되어 잘못 구우면 질기고 맛이 없어요. 오븐에서는 일정한 열로 육류를 익혀주기 때문에 부드럽게 먹을 수 있고 두툼한 고기도 온도 조절에 의해 속까지 익힐 수 있어요.

우엉 쇠고기구이

피망이나 버섯 등을 넣어도 좋아요

❶ 쇠고기는 불고기감으로 준비해 간장 1.5, 굴소스 0.3, 물엿 1, 맛술 1, 설탕 0.5, 후춧가루와 참기름 약간씩을 섞은 양념장에 10분 정도 재운다.

❷ 우엉은 칼등으로 껍질을 벗겨 굵게 채 썰고 당근과 마늘종은 우엉과 비슷한 크기로 잘라 부드럽게 데친다.

❸ 쇠고기를 넓게 편 다음 재료를 얹고 감싸듯이 돌돌 만다.

❹ 오븐팬에 쿠킹포일과 키친타월을 얹고 물을 촉촉이 뿌린 다음 석쇠를 얹고 200℃의 오븐에서 8~10분 정도 구워 소금과 후춧가루를 약간씩 뿌린다.

LA갈비구이

갈비는 자르는 방법에 따라서 모양이 달라져요. LA갈비는 가로로 잘라서
납작납작해요. 얇아서 쉽게 구워질 것 같지만 양념 때문에 속까지 익기
전에 겉이 타는 일이 잦아요. 그러나 오븐에 LA갈비를 구우면 양념이
타지 않고 부드럽게 구울 수 있어요.

◆◇◆

2인분	주재료	양념 재료	대체 식재료
요리 시간 35분	LA갈비 600g 새송이버섯 1개 소금 · 참기름 약간씩	간장 5 설탕 2 물엿 1 맛술 1 다진 파 2 다진 마늘 1 참기름 1 깨소금 · 후춧가루 약간씩	새송이버섯 ▶ 표고버섯, 양송이버섯 맛술 ▶ 청주

Cooking Tip

LA갈비를 오븐팬이나 쿠킹포일 위에서 익히면 기름기나 수분 등이 빠져나가지 못해 갈비가 눅눅하게 구워질 수 있으니 오븐팬에 키친타월을 깔고 스프레이로 물을 촉촉이 뿌린 다음 석쇠를 얹고 그 위에 올려 구우세요. 또 오븐의 예열은 팬을 달구어 요리하는 것과 마찬가지로 온도가 올라가 있는 상태이므로 예열되어 있는 오븐에서 요리를 하면 수분이 덜 빠져 음식이 맛있어요.

갈비의 물기를 잘 제거하지 않으면 양념을 해도 맛이 없어요

❶ LA갈비는 찬물에 1시간 정도 담가두었다가 건져 키친타월로 물기를 제거한다.

❷ 간장 5, 설탕 2, 물엿 1, 맛술 1, 다진 파 2, 다진 마늘 1, 참기름 1, 깨소금과 후춧가루 약간씩을 섞어 양념장을 만든다.

❸ LA갈비는 양념장에 골고루 버무려 10분 정도 재우고 새송이버섯은 모양대로 썰어 소금과 참기름을 넣어 버무린다.

❹ 오븐팬에 키친타월을 깔고 스프레이로 물을 촉촉이 뿌린 다음 석쇠를 얹고 갈비와 새송이버섯을 올리고 250℃로 예열한 오븐에서 10분 정도 구워 접시에 담는다.

쇠고기 오징어말이

2인분
요리 시간 30분

주재료
다진 쇠고기 70g
오징어 1마리
김 1/2장

쇠고기 양념 재료
간장 1
설탕 0.5
다진 파 1
다진 마늘 0.5
다진 풋고추 · 홍고추
1/4개분씩
참기름 0.5
깨소금 0.3
후춧가루 약간

오징어말이를
만들어 한 개씩 포장해서
냉동실에 넣어 두었다가
꺼내어 바로 오븐에
구워도 좋아요.

❶ 쇠고기는 간장 1,
설탕 0.5, 다진 파 1, 다진
마늘 0.5, 다진 풋고추와
홍고추 1/4개분씩,
참기름 0.5, 깨소금 0.3,
후춧가루 약간에 버무려
10분 정도 재운다.

❷ 오징어는 껍질을
벗겨 깨끗하게 손질해서
안쪽에 가로로 0.2cm
간격으로 칼집을 내고
김은 오징어 몸통 길이와
비슷하게 자른다.

❸ 오징어를 펴서 김을
얹고 양념한 쇠고기를
펼쳐 넣고 오징어
다리를 서너 개 올리고
돌돌 말아 200℃로
예열한 오븐에서
10~15분 정도 굽는다.

호두 떡갈비

2인분
요리 시간 30분

주재료
다진 쇠고기 200g
호두 1
떡볶이떡 8개

양념 재료
간장 2
설탕 1
다진 파 1
다진 마늘 0.5
참기름 0.5
깨소금 0.3
후춧가루 약간

대체 식재료
떡볶이떡 ▶ 가래떡
호두 ▶ 아몬드, 잣

예열되지 않은 오븐에서는 5분 정도 더 구우면 돼요

❶ 간장 2, 설탕 1, 다진 파 1, 다진 마늘 0.5, 참기름 0.5, 깨소금 0.3, 후춧가루 약간을 섞어 양념장을 만들고 호두는 굵게 다진다.

❷ 쇠고기에 양념장과 호두를 넣어 끈기가 생길 때까지 치댄다.

❸ 떡볶이떡을 양념한 쇠고기로 감싼다.

❹ 오븐용기에 키친타월을 깔고 물을 촉촉이 뿌린 다음 석쇠를 얹고 떡갈비를 올려 200℃로 예열한 오븐에서 10분 정도 굽는다.

은행을 넣은 쇄고기 완자

◆ ◇ ◆ ◇ ◆ ◇ ◆ ◇ ◆ ◇ ◆

2인분
요리 시간 30분

주재료
양파 1/8개
표고버섯 1개
깻잎 2장
은행 10~15개
식용유 약간
다진 쇄고기 150g
소금 · 후춧가루 약간씩

쇄고기 양념 재료
간장 1.5
설탕 0.5
물엿 0.3
생강즙 약간
다진 파 1
다진 마늘 0.3
참기름 0.5

Cooking Tip
쇄고기에 양념을 미리 한 다음
채소, 버섯 등과 섞으세요.
쇄고기에 채소를 먼저 넣으면
쇄고기에 양념이 배기 전에
채소가 으깨져 맛이 없고
수분이 겉돌아요.

❶ 양파와 표고버섯은 곱게 다지고 깻잎은 2cm 길이로 채 썰고 은행은 볶아서 껍질을 벗긴다.

❷ 다진 쇄고기는 간장 1.5, 설탕 0.5, 물엿 0.3, 생강즙 약간, 다진 파 1, 다진 마늘 0.3, 참기름 0.5에 조물조물 양념한 다음 양파, 표고버섯, 깻잎, 은행을 넣어 섞는다.

❸ 양념한 쇄고기를 조금씩 떼어 은행을 한 알씩 넣어 동글납작하게 빚는다.

❹ 은행을 넣은 쇄고기 완자를 220℃의 오븐에서 10분 정도 구워 소금과 후춧가루로 간한다.

◆◇◆◇◆◇◆◇◆◇◆

2인분
요리 시간 50분

주재료
돼지고기 삼겹살(덩어리)
600g
마늘 2쪽
양파 1개
소금·후춧가루 약간씩
감초 2조각

쌈장 재료
고추장 1
된장 1
다진 마늘 약간
다진 홍고추 약간
통깨 약간
참기름 약간

대체 식재료
삼겹살 ▶ 목살

Cooking Tip
덩어리가 큰 삼겹살은
230℃에서 굽다가 겉면에
색이 나기 시작하면 온도를
200℃로 내려서 구우면
타지 않고 속까지 잘 익힐
수 있어요. 또 오븐용기에
쿠킹포일을 덮어주면
수분이 그대로 유지되어
찌듯이 구워져 부드럽게
먹을 수 있어요. 그러나
스팀 오븐 기능이 있는
오븐에는 쿠킹포일을 덮지
말고 구워야 부드럽게
익어요.

한방 수육과 쌈장

너무 얇게 썰면
가장자리가 쉽게
탈 수 있으니 두껍게
썰어야 해요

❶ 삼겹살은 덩어리로
준비하여 5cm 두께로
썰고 마늘은 편으로
썰고 양파는 도톰하게
썬다.

❷ 삼겹살에 소금과
후춧가루로 간을 하고
마늘편과 감초를
올린다.

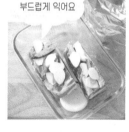

양파를 깔면
삼겹살의 누린내도
제거되고 살도
부드럽게 익어요

❸ 오븐용기에 양파를
담고 삼겹살을 얹은 다음
쿠킹포일을 덮어 230℃의
오븐에서 40분 정도 구워
식힌 후 얇게 썰고,
고추장 1, 된장 1,
다진 마늘과 다진 홍고추,
통깨, 참기름 약간씩을
섞어 곁들인다.

김치볶음밥 미트로프

미트로프는 고기를 반죽하여 식빵 모양으로
만들어 굽는 요리예요. 오븐이 있으면 만들 수
있는 대표 요리인데요. 속에 삶은 달걀이나
채소를 큼직하게 썰어서 넣기도 하지만 우리
입맛에 맞도록 김치와 볶음밥을 넣었어요.

Cooking Tip
미트로프는 만들어서 쿠킹포일에
싸서 냉동 보관하였다가 먹기 전에
해동하지 말고 그대로 오븐에
구워서 드세요

2인분
요리 시간 40분

주재료
밥 1/2공기
배추김치 2장
양파 1/4개
피망 1/6개
식용유 약간
소금 · 후춧가루 약간씩
다진 쇠고기 200g
돈가스 소스 적당량

쇠고기 양념 재료
양파 1/4개
양송이버섯 2개
참치한스푼 1
후춧가루 약간
달걀 1/4개
빵가루 1/4컵

대체 식재료
밥 ▶ 가래떡

❶ 밥은 따끈하게 준비하고
배추김치, 양파, 피망은
다진다.

❷ 쇠고기 양념에 넣는 양파와
양송이버섯은 다져서 팬에
볶아 식힌다.

❸ 팬에 식용유를 두르고
배추김치와 양파를 볶다가
밥을 넣어 볶은 후 피망을 넣고
소금과 후춧가루로 간한다.

❹ 다진 쇠고기에
참치한스푼 1과 후춧가루
약간으로 간한 다음 달걀
1/4개, 빵가루 1/4컵, 볶은
양파와 양송이버섯을 넣어 잘
치댄다.

❺ 도마에 종이포일이나
쿠킹포일을 깔고 양념한
쇠고기를 일정한 두께로
편평하게 얹고 볶음밥을 올려
김밥을 말 듯 만다.

미트로프의
두께에 따라서
익는 시간을
조절하세요

❻ 200℃로 예열한 오븐에서
10~15분 정도 구워 먹기 좋은
크기로 썰어 접시에 담고
돈가스 소스를 곁들인다.

버섯 모양 쇠고기 밥구이

편식이 심한 아이들이나 어른들은
채소를 잘 먹지 않는 것 같아요.
쇠고기에 여러 가지 채소를 넣어
반죽하여 밥 위에 올리면 편식쟁이들도
모두 좋아하더라고요. 쇠고기 양념이
밥에 스며들어 더 맛있어요.

Cooking Tip

버섯 모양으로 만들기 위해
밥에 쇠고기를 반만 올렸어요.
밥을 쇠고기로 완전히 감싸서
완자처럼 구워도 돼요

60

2인분	주재료	쇠고기 양념 재료	소스 재료
요리 시간 30분	다진 쇠고기 150g	간장 2.5	토마토케첩 2
	잘게 썬 채소	설탕 0.5	굴소스 0.5
	(양파. 피망. 당근, 옥수수 등)	물엿 1	청주 1
대체 식재료	1/2컵	맛술 1	다진 마늘 0.3
밥 ▶ 현미밥, 흑미밥	밥 1공기	참기름 0.5	물 2
	올리브오일 적당량	다진 마늘 0.5	
		소금 · 후춧가루 약간씩	

❶ 볼에 다진 쇠고기와 간장 2.5, 설탕 0.5, 물엿 1, 맛술 1, 참기름 0.5, 다진 마늘 0.5, 소금과 후춧가루 약간씩을 넣어 버무린다.

❷ 옥수수 크기로 썬 채소는 양파, 피망, 당근, 옥수수 등으로 준비하여 쇠고기에 넣어 끈기가 생기도록 치댄다.

❸ 밥은 따끈하게 준비해서 동그랗게 일정한 크기로 뭉친다.

미니 머피틀이 없으면 일반 오븐팬에 식용유를 살짝 바르고 간격을 띄워 놓으세요

❹ 밥 위에 양념한 쇠고기를 올려 미니 머핀틀에 기름을 바르고 하나씩 채워 200℃로 예열한 오븐에서 10분 정도 굽는다.

❺ 냄비에 토마토케첩 2, 굴소스 0.5, 청주 1, 다진 마늘 0.3, 물 2를 끓여 소스를 만들어 쇠고기에 바른다.

돼지 등갈비구이

◆◇◆◇◆◇◆◆◇◆◇◆◇◆

2인분
요리 시간 30분
(핏물 빼는 시간 제외)

주재료
돼지 등갈비 1대
양파 1개
소금 · 후춧가루 약간씩

소스 재료
토마토케첩 4
고추장 2
물엿 2
설탕 1
굴소스 0.3
다진 마늘 1
물 1/4컵

Cooking Tip
소스는 한꺼번에 바르면
잘 발라지지 않고 또 많은
양을 바르면 타기 쉬워요.
실리콘 솔로 고루 바르고
2~3분 정도 구워 다시
한 번 발라 굽기를
반복하면 양념도 골고루
배고 타지 않아요.

❶ 돼지 등갈비는
찬물에 30분 정도 담가
핏물을 빼고 물기를
없앤다.

❷ 양파는 1cm 두께로
썰어 종이포일이나
쿠킹포일을 깐 오븐팬에
얹고 등갈비를 올린 후
200℃의 오븐에서 15분
정도 굽는다.

❸ 냄비에 토마토케첩 4,
고추장 2, 물엿 2, 설탕 1,
굴소스 0.3, 다진 마늘 1,
물 1/4컵을 넣고 졸아들
때까지 5분 정도 끓인다.

❹ 등갈비에 소스를
3~4번 발라가며 220℃의
오븐에서 10분 정도 더
굽는다.

삼겹살 꽈리고추말이

2인분
요리 시간 20분

재료
돼지고기 삼겹살 150g
꽈리고추 10개
마늘가루 · 소금 · 후춧가루
약간씩

Cooking Tip
삼겹살을 말 때에는
가능한 한 일정한 두께로
말아야 같은 시간에
골고루 잘 익힐 수 있어요.

❶ 삼겹살은 얇게
썬 것으로 준비하여
2등분한다.

❷ 꽈리고추는 꼭지를
떼어내고 깨끗이 씻어
물기를 제거한다.

❸ 삼겹살 위에
마늘가루와 소금,
후춧가루를 약간씩 뿌려
간한 다음 꽈리고추를
올려 돌돌 만다.

❹ 220℃로 예열한
오븐에서 10~15분 정도
노릇하게 굽는다.

63

베이컨 쇠고기구이

◆◇◆◇◆◇◆◇◆◇◆◇

2인분
요리 시간 30분

재료
쇠고기(다진 것) 200g
양파 1/6개
실파 2줄기
달걀 1/2개
빵가루 2
다진 마늘 0.5
소금 · 후춧가루 약간씩
베이컨 10줄
돈가스소스 2

❶ 양파는 다지고
실파는 송송 썬다.

❷ 쇠고기에 달걀,
빵가루, 다진 마늘,
양파, 실파를 넣고 소금,
후춧가루로 간을 한다.

❸ 얼음틀에 베이컨을
깐 다음 양념한
쇠고기를 꼭꼭 눌러
채운 후 베이컨으로
덮는다.

❹ 오븐팬에 얼음틀을
뒤집어 뺀 후 예열한
200도의 오븐에서 15분간
굽고 돈가스 소스를
바르고 5분 더 구워서
먹기 좋게 자른다.

◆◇◆◇◆◇◆◇◆◇◆◇

2인분
요리 시간 30분

주재료
돼지고기(안심) 1덩이(400g)
오이 1/2개
사과 1/4개
대추 2개
잣 1
소금 약간

돼지고기 밑간 재료
맛술 1
소금 · 후춧가루 약간씩

겨자장 재료
갠 겨자 0.5
식초 2
설탕 1.5
연유 0.5
소금 약간

안심구이와 과일 겨자채

❶ 돼지고기는 맛술 1, 소금과 후춧가루 약간씩을 뿌려 밑간한 다음 종이포일이나 쿠킹포일을 깐 오븐팬에 올리고 220℃의 오븐에서 25분 정도 구워 식혀서 얇게 슬라이스하여 접시에 담는다.

❷ 오이는 돌려깎기해 채 썰고 사과와 대추도 채 썬다.

❸ 갠 겨자 0.5, 식초 2, 설탕 1.5, 연유 0.5, 소금 약간을 섞어 겨자장을 만든다.

❹ 볼에 오이, 사과, 대추, 잣을 담고 겨자장을 넣어 골고루 버무려 돼지고기에 곁들인다.

닭 가슴살 냉채

◆◇◆◇◆◇◆◇◆◇◆

2인분
요리 시간 30분

주재료
닭 가슴살 2조각
숙주 100g
풋고추 2개
홍고추 1/2개
오이 1/3개

닭 가슴살 밑간 재료
맛술 1
소금 · 후춧가루 약간씩

마늘 소스 재료
연겨자 0.5
식초 1
설탕 0.5
물엿 0.5
간장 0.3
다진 마늘 0.3
소금 약간

대체 식재료
풋고추 ▶ 미나리, 피망

❶ 닭 가슴살은 맛술 1,
소금과 후춧가루
약간씩을 뿌려 밑간한
다음 180℃로 예열한
오븐에서 15분 정도 구워
식혀서 결대로 찢는다.

❷ 숙주는 깨끗이
씻어 물기를 제거하고
풋고추와 홍고추는
반으로 갈라 4cm 길이로
어슷하게 썰고 오이는
돌려깎기해서 채 썬다.

❸ 숙주, 풋고추와
홍고추는 각각 끓는
물에 데쳐 찬물에
헹구어 물기를 뺀다.

❹ 볼에 닭 가슴살, 오이,
숙주, 풋고추, 홍고추를
담고 연겨자 0.5, 식초 1,
설탕 0.5, 물엿 0.5, 간장
0.3, 다진 마늘 0.3,
소금 약간을 섞어 넣고
버무린다.

닭 다리살 채소구이

2인분
요리 시간 30분

주재료
닭 다리살 4조각
양파 1개
파프리카 1/2개
꽈리고추 1줌
소금 · 후춧가루 약간씩
올리브오일 약간

양념 재료
간장 2
두반장 2
맛술 1
물엿 1
다진 파 2
다진 마늘 1
후춧가루 약간

Cooking Tip
양념한 육류는 팬에서
구우면 타기 쉽고 속까지
익히기는 어려우나
오븐에서 구워주면 양념이
타지 않고 속까지 부드럽게
익힐 수 있어요.

❶ 닭 다리살은 칼집을
넣어 분량의 양념
재료에 10분 정도
재운다.

❷ 양파와 파프리카는
큼직하게 썬다.
꽈리고추는 꼭지를
떼어내고 소금,
후춧가루, 올리브오일에
각각 버무린다.

❸ 오븐용기에 채소를
돌려 담고 닭 다리살을
얹는다.

❹ 예열한 200도의
오븐에서 20~25분간
굽는다.

파닭

◆◇◆◇◆◇◆◇◆◇◆

2인분
요리 시간 30분

주재료
닭 다리살 300g
대파 2대

양념 재료
고추장 3
간장 1
매운 고춧가루 1
설탕 0.5
물엿 1
다진 마늘 2
생강가루 약간
참기름 · 깨소금 약간씩

Cooking Tip
닭 다리살을 구울 때에는
겹쳐서 담지 말고 오븐팬에
넓게 펴서 구워야 골고루 잘
익어요.

찬물에 담가야
매운맛도 사라지고
깔끔하게 먹을
수 있어요

❶ 닭 다리는 뼈를
발라내고 먹기 좋게
손질하여 고추장 3,
간장 1, 매운 고춧가루 1,
설탕 0.5, 물엿 1, 다진
마늘 2, 생강가루 약간,
참기름과 깨소금
약간씩을 넣고 버무려
10분 정도 재운다.

❷ 대파는 곱게 채 썰어
찬물에 담갔다가 건져
물기를 뺀다.

❸ 220℃로 예열한
오븐에서 10~15분 정도
굽는다.

닭 다리살 유자향구이

2인분
요리 시간 30분

주재료
닭 다리살 300g
소금 · 청주 약간씩

양념 재료
고추장 2
유자청 1
고춧가루 0.5
청주 1
간장 0.5
설탕 0.3
다진 파 1
다진 마늘 0.5
다진 생강 약간
후춧가루 약간

❶ 닭 다리살은 껍질이
오그라들지 않게 껍질에
잔칼집을 넣고 소금과
청주 약간씩을 넣어
10분 정도 재운다.

❷ 고추장 2, 유자청 1,
고춧가루 0.5, 청주 1,
간장 0.5, 설탕 0.3,
다진 파 1, 다진 마늘 0.5,
다진 생강과 후춧가루
약간씩을 한데 섞어
양념을 만든다.

❸ 닭 다리살에 양념을
넣어 10분 정도 재워
220℃의 오븐에서
10~15분 정도 굽는다.

육류에 곁들이는 채소 피클

6인분
요리 시간 15분

주재료
오이 2개
양파 1개
당근 1/6개
풋고추 · 홍고추 1개씩

절임물 재료
물 1컵
식초 3/4컵
설탕 1컵
소금 2
피클링 스파이스 1

4시간쯤 지나면 먹을 수 있어요. 오래 보관할 때에는 채소를 자르지 말고 통째로 절이세요

식초는 현미식초, 양조식초, 사과식초가 적당해요

❶ 채소는 오이, 양파, 당근, 풋고추, 홍고추로 준비하여 물에 깨끗이 씻어 손가락 마디 크기로 잘라 보관 용기에 담는다.

❷ 냄비에 물 1컵, 식초 3/4컵, 설탕 1컵, 소금 2, 피클링 스파이스 1을 넣고 3분 정도 끓인다.

❸ 절임물이 뜨거울 때 보관용기에 부어 뜨거운 김이 날아가면 뚜껑을 덮어 냉장고에 보관한다.

◆◇◆◇◆◇◆◇◆◇◆◇◇◆

8인분
요리 시간 20분

주재료
양배추 1/2통(750g)
홍고추 1/2개
다시마(5×5cm) 1장

절임물 재료
물 1/2컵
식초 5
설탕 3.5
소금 1.5
양파즙 3
다진 마늘 1

육류에 곁들이는
양배추 피클

with meat dishes

양배추가 살짝
절여지면 바로 먹을
수 있고 10일 정도
보관이 가능해요

❶ 양배추는 깨끗이
씻어 5cm 길이로
채 썰고 홍고추는
반 갈라 어슷 썰고
다시마는 찬물에 살짝
담가 부드럽게 불려 4cm
길이로 채 썬다.

❷ 물 1/2컵, 식초 5,
설탕 3.5, 소금 1.5,
양파즙 3, 다진 마늘 1을
넣고 설탕이 녹도록 잘
섞는다.

❸ 볼에 양배추, 홍고추,
다시마를 넣고 절임물을
부어 고루 섞어 통에 담고
냉장고에 보관한다.

71

육류에 곁들이는 양파 장아찌

6인분
요리 시간 15분

주재료
양파 2개
다시마(5×5cm) 1장

간장물 재료
간장 1/2컵
물 1/4컵
식초 1/8컵
설탕 2

4시간 정도 지나면 먹을 수 있어요. 오래 보관할 때에는 양파를 썰지 말고 통째로 절이세요

오이와 풋고추, 홍고추를 넣으면 더 맛있어요

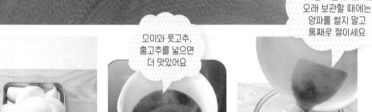

❶ 양파는 껍질을 벗기고 깨끗이 씻어 손가락 마디 크기로 썰어 통에 담는다.

❷ 냄비에 간장 1/2컵, 물 1/4컵, 식초 1/8컵, 설탕 2를 넣고 3분 정도 끓여 간장물을 만든다.

❸ 간장물이 뜨거울 때 통에 부어 뜨거운 김이 날아가면 뚜껑을 덮어 냉장고에서 보관한다.

◆◇◆◇◆◇◆◇◆◇◆◇◇

2인분
요리 시간 20분

주재료
오징어 1마리
쪽파 약간

양념 재료
고추장 2
고춧가루 0.5
간장 1
맛술 1
설탕 0.5
물엿 1
다진 마늘 1
참기름 1

해산물은 데치거나 삶아서
요리하면 국물에 해산물의
맛이 빠지고 질겨지기
쉬우나 오븐에서 익히면
물을 사용하지 않고도 익힐
수 있어 맛도 부드럽고 영양
손실도 적어요. 또 해산물의
맛도 그대로 유지되니
맛있는 해산물 요리와
오븐은 궁합이 좋아요.

매콤
오징어구이

오징어는 바로
요리하지 않을 때에는
꼭 내장을 제거해서
손질하여 보관하세요

❶ 오징어는 내장을
빼고 통으로 손질하여
껍질 쪽에 1cm 간격으로
칼집을 넣는다.

❷ 고추장 2, 고춧가루
0.5, 간장 1, 맛술 1,
설탕 0.5, 물엿 1,
다진 마늘 1, 참기름 1을
섞어 양념장을 만든다.

❸ 오징어에 양념장을
골고루 바른다.

❹ 오븐팬에
종이포일이나
쿠킹포일을 깔고
오징어를 올려 250℃의
오븐에서 10분 정도 구워
접시에 담고 쪽파를 송송
썰어 고명으로 얹는다.

낙지 호롱

◆◇◆◇◆◇◆◇◆◇◆

2인분
요리 시간 30분

주재료
낙지 2마리
굵은소금 약간

양념 재료
고추장 2
간장 0.5
설탕 0.5
물엿 0.5
다진 마늘 0.5
다진 파 1
참기름 0.5
깨소금 약간

❶ 낙지는 굵은소금을
약간 뿌려 바락바락
주물러 씻어
나무젓가락에 돌돌
만다.

❷ 고추장 2, 간장 0.5,
설탕 0.5, 물엿 0.5,
다진 마늘 0.5, 다진 파 1,
참기름 0.5, 깨소금
약간을 섞어 양념장을
만든다.

❸ 오븐팬에 키친타월을
깔고 스프레이로 물을
촉촉이 뿌린 다음
석쇠를 얹고 낙지를
올려 200℃의 오븐에서
10분 정도 익힌다.

❹ 낙지에 양념장을
발라서 200℃의 오븐에서
2~3분 정도 구운 다음
오븐에서 꺼내어 다시
양념장을 덧발라 3~4분
정도 더 굽는다.

◆◇◆◇◆◇◆◇◆◇◆◇◇◇

2인분
요리 시간 30분

주재료
표고버섯 8개
새우살 1/4컵
두부 1/8모
밀가루 약간

표고버섯 양념 재료
참치한스푼 0.5
참기름 약간

양념 재료
간장 0.5
다진 파 1
다진 마늘 0.3
소금 · 후춧가루 약간씩
참기름 약간

새우살
표고버섯찜

Seafood

❶ 표고버섯은 밑동을
제거하여 물에 깨끗하게
씻어 물기 없이 꼭
짜서 참치한스푼 0.5와
참기름 약간을 뿌려
조물조물 밑간한다.

❷ 새우살과 두부는
곱게 다져 간장 0.5,
다진 파 1, 다진 마늘
0.3, 소금과 후춧가루
약간씩에 양념한다.

❸ 표고버섯에 밀가루를
약간 뿌리고 새우살
두부를 채운다.

❹ 오븐용기에
표고버섯을 놓고 200℃의
오븐에서 10분 정도
익힌다.

75

해물 떡볶이

◆◇◆◇◆◇◆◇◆◇◆

2인분
요리 시간 25분

주재료
떡볶이떡 250g
오징어 1/2마리
양배추 2장
양파 1/2개
풋고추 1개
모차렐라 치즈 1/2컵

양념 재료
고추장 2
고춧가루 0.5
간장 1
설탕 1.5
굴소스 0.5
참기름 1
다진 마늘 0.5

대체 식재료
떡볶이떡 ▶ 떡국떡

스팀 오븐에서
15분 정도 익혀도
좋아요

❶ 떡볶이떡은 미지근한 물에 담가 부드러워지면 체에 밭쳐 물기를 뺀다.

❷ 오징어는 먹기 좋은 크기로 썰고 양배추와 양파는 한입 크기로 썰고 풋고추는 어슷하게 썬다.

❸ 오븐용기에 떡볶이떡, 오징어, 양배추, 양파, 풋고추를 담고 고추장 2, 고춧가루 0.5, 간장 1, 설탕 1.5, 굴소스 0.5, 참기름 1, 다진 마늘 0.5를 섞어 넣고 버무린 다음 모차렐라 치즈를 골고루 뿌린다.

❹ 220℃로 예열한 오븐에서 15분 정도 익힌다.

도미찜

2인분
요리 시간 30분

주재료
도미 1마리
청주 약간
소금·후춧가루 약간씩
대파·생강 약간씩
실파 50g(3대 정도)
홍고추 1/2개
식용유 3

소스 재료
굴소스 1
청주 2
간장 약간
설탕 0.5
물 3

대체 식재료
도미 ▶ 우럭
실파 ▶ 대파

❶ 도미는 비늘을 긁어내고 젓가락을 이용하여 아가미 쪽에서 내장을 빼내고 물에 씻어 물기를 제거한 후 칼집을 깊게 넣고 청주, 소금, 후춧가루 약간씩에 밑간한다.

❷ 대파와 생강은 채 썰고 실파는 4cm 길이로 썰고 홍고추는 가늘게 채 썬다.

❸ 도미에 대파와 생강을 올려 180℃의 오븐에서 20분 정도 익혀 접시에 담고 실파와 홍고추를 올린다. 냄비에 굴소스 1, 청주 2, 간장 약간, 설탕 0.5, 물 3을 넣고 끓인다.

❹ 식용유 3을 뜨겁게 달구어 도미에 끼얹고 뜨거운 소스를 두른다.

기름기 없는 건강식
해물 잡채

잡채는 여러 가지 재료를 각각 볶아서 버무리는 우리나라의 대표적인 요리예요.
여러 가지 재료를 각각 볶다 보니 기름의 사용량도 많고 번거롭다고 느낄 수
있어요. 오븐으로 만드는 잡채는 여러 재료를 한꺼번에 익히고 기름도 사용하지
않으니 아주 담백해요. 명절에만 하는 잡채가 아니라 매일 해 먹는 잡채가 될
거예요.

Cooking Tip

오븐용기에 잡채 재료를 담을
때에는 아래쪽에 수분이 많이
생기는 재료들을 담고 가운데에
당면을 올려야 당면이 마르지 않고
잘 익어요

◆◆

2인분
요리 시간 30분
(당면 불리는 시간 제외)

주재료
당면 150g
오징어 1/4마리
새우 1/4컵
당근 1/8개
양파 1/4개
표고버섯 3장
시금치 150g
소금 · 참기름 약간씩

양념 재료
간장 3
황설탕 2
깨소금 1
참기름 1

대체 식재료
오징어 ▶ 낙지, 주꾸미

❶ 당면은 미지근한 물에
3시간 이상 충분히 불린다.

❷ 오징어와 새우는 다듬어 채
썬다.

❸ 당근과 양파는 적당한
길이로 채 썰고 표고버섯은
물에 불려 물기를 꼭 짜서
적당한 길이로 채 썰고
시금치는 물에 씻어 물기를
뺀다.

잡채용 오븐
용기는 내열 유리 용기
중 넓고 얕은 것으로
사용해야 재료가
골고루 익어요

❹ 오븐용기에 오징어와 새우,
표고버섯을 먼저 담고 채소와
불린 당면, 시금치를 올린다.

❺ 오븐용기 윗면을
쿠킹포일로 완전히 감싸서
오븐 하단에 넣고 230℃로
예열한 오븐에서 20분 정도
익힌다.

❻ 재료가 익으면 오븐에서
꺼내 간장 3, 황설탕 2,
깨소금 1, 참기름 1에 고루
버무린다.

섭산적

◆◇◆◇◆◇◆◇◆◇◆

2인분
요리 시간 30분

주재료
다진 쇠고기 200g
두부 1/4모
식용유 약간

쇠고기 양념 재료
간장 2
설탕 0.5
다진 파 2
다진 마늘 1
참기름 1
깨소금 1
후춧가루 약간

두부 양념 재료
소금 약간
참기름 0.5
후춧가루 약간

Cooking Tip
섭산적은 '흩어진 재료를
다시 반듯하게 모아서
구웠다'는 뜻이에요. 반죽에
잔칼집을 골고루 넣어야
반듯하게 잘 구워지니
번거로워도 잔칼집을
열심히 넣으세요.

충분히 치대야
구웠을 때 부서지지
않아요

오븐팬에
쿠킹포일을 깔고
구워도 좋아요

❶ 쇠고기는 간장 2,
설탕 0.5, 다진 파 2,
다진 마늘 1, 참기름 1,
깨소금 1, 후춧가루
약간에 조물조물 버무려
5분 정도 재운다.

❷ 두부는 칼등으로
으깨어 물기를 꼭 짜서
소금 약간, 참기름 0.5,
후춧가루 약간에
양념하여 쇠고기와
섞어 끈기가 날 때까지
치댄다.

❸ 네모지고 납작하게
빚어 앞뒤에 가로
세로 잔칼집을 골고루
넣는다.

❹ 오븐팬에 식용유를
바르고 섭산적을 얹어
220℃의 오븐에서 10분
정도 굽는다.

◆◇◆◇◆◇◆◇◆◇◆◇◆

2인분
요리 시간 25분

주재료
쇠고기(산적용 우둔살) 200g
쪽파 100g
참기름 약간

쇠고기 양념 재료
간장 2
설탕 1
다진 파 0.5
다진 마늘 0.5
깨소금 약간
참기름 · 후춧가루 약간씩

파산적

Korean kebab

> 쪽파는 한 개씩만
> 꿰지 말고 여러
> 개를 함께 꿰어야
> 맛있어요

❶ 쇠고기는 쪽파보다
약간 길쭉하게 잘라
도톰하게 썰어 칼등으로
자근자근 두드려 간장 2,
설탕 1, 다진 파 0.5,
다진 마늘 0.5, 깨소금과
참기름, 후춧가루
약간씩에 10분 정도
재운다.

❷ 쪽파는 가지런히
놓고 6cm 길이로 썰어
흰 부분이 두꺼우면
칼등으로 살살 두드린
다음 참기름을 약간
넣어 무친다.

❸ 꼬치에 쪽파와
쇠고기를 번갈아 꿴다.

❹ 오븐팬에
종이포일이나
쿠킹포일을 깔고 산적을
얹어 220℃의 오븐에서
7~8분 정도 굽는다.

떡산적

2인분
요리 시간 25분

주재료
쇠고기(불고기감) 200g
가래떡(20cm 길이) 1줄
소금 · 올리브오일 약간씩

쇠고기 양념 재료
간장 2
설탕 0.5
물엿 1
청주 1
다진 파 1
다진 마늘 0.5
깨소금 0.3
참기름 0.5
후춧가루 약간

여러 개를 한꺼번에 신경
써서 구워야 하는 산적은
오븐에 구우면 정말
편해요. 여러 가지 재료를
함께 구워도 타지 않게
구울 수 있어 좋고 모양도
흐트러지지 않으니 오븐을
자주 활용하세요.

간은 약하게
하세요

❶ 쇠고기는
불고기감으로 준비하여
먹기 좋은 크기로 썰어
간장 2, 설탕 0.5, 물엿 1,
청주 1, 다진 파 1, 다진
마늘 0.5, 깨소금 0.3,
참기름 0.5, 후춧가루
약간을 넣어 조물조물
버무려 10분 정도 재운다.

❷ 가래떡은 3cm
길이로 잘라 반으로
썰어 단단한 것은 끓는
물에 살짝 데쳐 소금과
올리브오일을 약간씩
뿌려 간을 한다.

❸ 꼬치에 불고기와
떡을 번갈아 꿴다.

❹ 오븐팬에
종이포일이나
쿠킹포일을 깔고 산적을
얹어 220℃의 오븐에서
7~8분 정도 굽는다.

◆◇◆◇◆◇◆◇◆◇◆◇◆

2인분
요리 시간 40분

재료
고구마 2개
슬라이스 치즈 1장
바나나 1개
생크림 2
모차렐라 치즈 1/4컵

고구마
치즈구이

❶ 고구마는 껍질째 씻어 220℃의 오븐에서 20~25분 정도 구워 반으로 잘라 속을 1cm쯤 남기고 파내고 속은 따로 담아둔다.

❷ 슬라이스 치즈는 굵게 다지고 바나나는 0.2cm 두께로 자른다.

❸ 파낸 고구마 속과 슬라이스 치즈, 바나나, 생크림을 골고루 섞는다.

❹ 고구마에 ③을 채우고 모차렐라 치즈를 얹어 200℃로 예열한 오븐에서 10분 정도 굽는다.

감자구이, 고구마구이, 달걀구이

◆◇◆◇◆◇◆◇◆◇◆◇

2인분
요리 시간 35분

재료
감자 2개
고구마 2개
달걀 2개

오븐에 채소를 익히면 물을 사용하지 않아 비타민이 덜 파괴되고 재료의 맛도 그대로 유지돼요.

❶ 감자와 고구마는 껍질째 물에 씻어 군고구마나 군감자로 구우려면 그대로 굽고 찐 것처럼 먹으려면 쿠킹포일로 싼다.

❷ 달걀은 일반 오븐에 굽는다면 쿠킹포일로 싸고 스팀 기능이 있는 오븐에서는 그대로 굽는다.

❸ 감자와 고구마는 230℃의 오븐에서 20~30분 정도 굽는다.

❹ 달걀은 일반 오븐에서는 180℃에서 15분 정도, 스팀 오븐에서는 140℃에서 20분 정도 굽는다.

2인분
요리 시간 25분

주재료
감자 2개

양념 재료
올리브오일 1
케이준 파우더 1
허브솔트 약간

대체 식재료
감자 2개 ▶ 알감자 15개

Cooking Tip
케이준 파우더는
매운맛과 소금이 가미된
것으로 닭고기 요리에
주로 사용해요. 케이준
시즈닝이라고도 하여
향신료 판매점에서 구입할
수 있어요. 사용하고
남은 케이준 파우더는
밀폐용기에 담아 실온에서
보관하세요.

허브 양념 감자

알감자는
깨끗하게 씻어
껍질째 반으로
썰어요

❶ 감자는 깨끗이 씻어 껍질째 웨지 모양으로 6~8등분한다.

❷ 볼에 감자를 넣고 올리브오일 1, 케이준 파우더 1, 허브솔트 약간을 넣어 섞는다.

❸ 오븐용기에 종이포일이나 쿠킹포일을 깔고 감자를 올린 후 230℃의 오븐에서 15~20분 정도 굽는다.

러셋감자구이

2인분
요리 시간 20분(감자 굽는 시간 제외)

재료
러셋감자(또는 일반감자) 2개
버터 2
마일드 체더치즈(또는 슬라이스 치즈) 2개
파르메산 치즈 약간

Cooking Tip
감자 대신 고구마를 활용해주세요. 감자의 크기에 따라서 요리 시간은 가감해주세요.

기호에 따라 소금, 후춧가루를 뿌리거나 볶은 베이컨, 차이브, 사워크림을 올려준다.

❶ 감자는 포일에 싸서 예열된 오븐 200도에서 20분간 굽는다.

❷ 익힌 감자는 포일을 벗기고 치즈는 다진다.

❸ 감자가 뜨거울 때 버터를 넣고 감자를 대충 섞는다.

❹ 치즈를 올리고 200도의 오븐에서 5분 정도 익힌다.

마늘 버터 감자구이

Grilled vegetables

3인분
요리 시간 40분

재료
햇감자 3개
파르메산 치즈 2
모차렐라 치즈 1/2컵
파슬리가루 약간

마늘 버터 재료
올리브오일 1/4컵
녹인 버터 1/4컵
다진 마늘 2
소금 · 후춧가루 약간씩

Cooking Tip
감자는 둥글어서 칼집
넣기가 불편하니 큰 감자로
준비해서 반으로 잘라
평평하게 두고 둥근 쪽에
칼집을 넣으면 편해요.
칼집을 너무 조금 넣으면
감자가 벌어지지 않으니
칼집을 깊게 넣어주세요.

❶ 감자는 씻어 물기를
제거하고 반으로 잘라
둥근 쪽에 잔 칼집을
넣어 끝이 떨어지지
않도록 자른다.

❷ 분량의 마늘 버터
소스를 섞는다.

❸ 오븐팬에 칼집을 낸
감자를 얹고 마늘 버터
소스를 골고루 뿌린
다음 예열된 180도의
오븐에서 25분간
굽는다.

❹ 마늘 버터 소스를 다시
한번 바르고 파르메산
치즈와 모차렐라 치즈를
뿌린 다음 10분 정도
더 구워 파슬리가루를
뿌린다.

단호박구이

◆◇◆◇◆◇◆◇◆◇◆

2인분
요리 시간 30분

재료
단호박 1/2개

Cooking Tip
단호박의 씨를 빼내고
오븐에 구워 숟가락으로
살을 긁어내어 샐러드나
드레싱을 만들어도 좋고
머핀을 구울 때 넣어도
좋아요.

❶ 단호박은 잘라서
숟가락으로 속을 파내어
적당한 크기로 자른다.

❷ 오븐팬에 단호박을
올려 200℃에서
20~25분 정도 익힌다.

단호박 허브구이

2인분
요리 시간 25분

재료
단호박 1/2개
올리브오일 2
허브솔트 약간

대체 식재료
허브솔트 ▶
소금 · 후춧가루

Cooking Tip
허브솔트를 넣으면
간편하게 조리할 수
있는데 바질이나 로즈메리,
오레가노 등 드라이 허브나
생 허브를 넣으면 더욱
풍부한 맛이 나요.

단단한
단호박은 일정한
크기로 썰어야
동일하게 익어요

  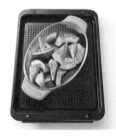

❶ 단호박은 껍질째
씻어 반으로 잘라 속을
파내고 웨지 모양으로
일정하게 썬다.

❷ 오븐용기에 단호박을
담고 올리브오일과
허브솔트를 뿌린 다음
오븐팬에 얹는다.

❸ 200℃의 오븐에서
15~20분 정도 익힌다.

통마늘구이

◆◇◆◇◆◇◆◇◆◇◆

2인분
요리 시간 20분

재료
통마늘 3~4통
올리브오일 약간
소금 약간

Cooking Tip
구운 마늘을 으깨어
마늘빵의 스프레드로
활용해도 좋아요

❶ 통마늘은 껍질째
물에 대강 씻어 반으로
자른다.

❷ 반으로 자른
통마늘의 단면에
올리브오일을 골고루
바르고 소금을 고루
뿌린다.

❸ 오븐용기에 통마늘을
담고 오븐팬에 얹어
230℃로 예열한
오븐에서 15분 정도
노릇하게 굽는다.

가지 치즈샌드 오븐구이

2인분
요리 시간 20분

재료
가지 1개
소금 · 후춧가루 약간씩
모차렐라 치즈 적당량
밀가루 1/4컵
달걀 1개
빵가루 1컵
올리브오일 약간

❶ 가지는 도톰하게 슬라이스하여 소금, 후춧가루를 뿌린다.

❷ 가지 위에 모차렐라 치즈를 올리고 가지는 얹는다.

❸ 가지 샌드에 밀가루, 달걀물, 빵가루를 묻힌다.

❹ 올리브오일을 골고루 뿌린 후 예열한 180도의 오븐에서 15~20분간 굽는다.

두부 채소

◆◇◆◇◆◇◆◇◆◇◆

2인분
요리 시간 25분

주재료
두부 1모
청경채 3포기
숙주 1줌
느타리버섯 1/4팩
양송이버섯 1개
가다랑어포(가츠오부시)
적당량

소스 재료
참치한스푼 2
맛국물 5
설탕 약간
송송 썬 실파 1
시치미 적당량

대체 식재료
시치미 ▶ 고춧가루
참치한스푼 2 ▶ 간장 3

Cooking Tip
맛국물은 물 1컵에 사방 5cm
크기의 다시마 1장을 넣고
끓여 가다랑어포를 약간
넣어 불을 끄고 체에 걸러서
사용하거나 시판 가쓰오
국물을 사용하세요.

❶ 두부는 네모지게
도톰하게 썰고 청경채는
깨끗이 씻어 밑동을
잘라내어 반으로
가른다.

❷ 숙주는 깨끗이 씻고
느타리버섯은 밑동을
잘라내어 손으로 찢고
양송이버섯은 밑동을
떼어내고 편으로 썬다.

❸ 오븐용기에 두부를
담고 숙주, 느타리버섯,
양송이버섯, 청경채를
얹는다.

❹ 200℃의 오븐에서
15분 정도 익혀 접시에
담고 참치한스푼 2,
맛국물 5, 설탕 약간,
송송 썬 쪽파 1, 시치미
적당량을 섞어 뿌린 다음
가다랑어포를 얹는다.

4인분
요리 시간 20분

주재료
호두 1컵
땅콩 1/2컵
아몬드 1/4컵
검은깨 3
식용유 약간

시럽 재료
물엿 4
설탕 3
물 2

견과류 강정

❶ 호두, 땅콩, 아몬드는 200℃로 예열한 오븐에서 3~4분 정도 굽는다.

❷ 냄비에 물엿 4, 설탕 3, 물 2를 섞어 끓인다.

❸ 시럽이 바글바글 끓으면 호두, 땅콩, 아몬드, 검은깨를 넣고 불을 줄여 섞다가 얇은 실이 생기면 불을 끈다.

❹ 도마에 비닐봉지를 한 장 깔고 식용유를 바른 다음 견과류를 놓고 원하는 모양으로 만든다.

오븐 김구이

◆◇◆◇◆◇◆◇◆◇◆◇

2인분
요리 시간 10분

재료
김 5장
참기름 4
고운 소금 약간

Cooking Tip
고운 소금은 죽염이나
요리용 천일염을
사용하거나 굵은소금을
곱게 빻아서 만드세요.

너무 많은
양을 겹치면 가운데가
바삭하지 않아요

❶ 김에 참기름 4를 고루 펴 바르고 고운 소금을 살짝 뿌려 차곡차곡 포개어 재운다.

❷ 오븐용기에 종이포일이나 쿠킹포일을 깔고 석쇠를 얹고 김을 올린다.

❸ 180℃로 예열한 오븐에서 5분 정도 굽는다.

94

◆◇◆◇◆◇◆◇◆◇◆◇◇

2인분
요리 시간 30분

재료
밥 1공기
참기름 약간
잔멸치 2
견과류(호두, 호박씨, 잣 등)
적당량

멸치 누룽지

참기름을 너무
많이 넣으면 누룽지가
색이 잘 나지 않으니
약간만 넣으세요

❶ 볼에 따끈한 밥을
담고 참기름을 약간
섞는다.

❷ 잔멸치는 기름을
두르지 않은 팬에 볶고
견과류는 호두, 호박씨,
잣 등으로 준비하여
다져서 잔멸치와 함께
밥에 고루 섞는다.

❸ 오븐팬에
종이포일이나
쿠킹포일을 깔고
견과류를 섞은 밥을
둥글넓적하게 빚어
올린다.

❹ 180℃의 오븐에서
20분 정도 구운 다음
뒤집어서 5분 정도
더 굽는다.

오븐 멸치
양념구이

◆◇◆◇◆◇◆◇◆◇◆

2인분
요리 시간 15분

주재료
중멸치 50g
아몬드 슬라이스 50g

양념 재료
마늘 2쪽
청양고추 1개
간장 1
설탕 0.3
물엿 1

Cooking Tip
오븐 멸치조림은 오븐을
예열하지 않고 구워도
되는데 만약 예열하였다면
굽는 시간을 줄여야
아몬드가 타지 않아요.

멸치는 크기에
따라서 굽는 시간을
조절하세요

❶ 마늘은 편으로
썰고 청양고추는 송송
썰어 물에 헹궈 씨를
제거한다.

❷ 볼에 마늘과
청양고추, 간장 1,
설탕 0.3, 물엿 1을
넣어 섞는다.

❸ 오븐팬에
종이포일이나
쿠킹포일을 깔고 멸치와
아몬드를 담아 180℃의
오븐에서 8~10분 정도
굽는다.

❹ 양념해 구운 멸치와
아몬드를 넣고 고루
섞는다.

2인분
요리 시간 10분

주재료
뱅어포 4장

양념장 재료
고추장 2
맛술 1
물엿 1
설탕 0.3
다진 마늘 약간
참기름 1

뱅어포
고추장구이

뱅어포
고추장구이를
오븐에 구울 때에는
사진처럼 겹쳐
얹어 구워요

❶ 고추장 2, 맛술 1, 물엿
1, 설탕 0.3, 다진 마늘
약간, 참기름 1을 고루
섞는다.

❷ 김을 재우 듯 뱅어포
앞뒤에 양념장을 골고루
바른다.

❸ 오븐팬에
종이포일이나
쿠킹포일을 깔고 180℃의
오븐에서 5분 정도
굽는다.

2

재주 많은 오븐이 부린 마술, 일품 요리

주방 도구 중 가장 많은 재능을 갖고 있는데도 잘 활용하지 못하는 것은 아마 오븐일 겁니다. 재주 많은 오븐이 마술을 부린다는 사실, 아직 모르셨죠? 이름난 레스토랑에서나 맛볼 수 있는 외식 메뉴와 혼자서 뚝딱뚝딱 차려 손님상에 당당하게 낼 수 있는 스페셜 푸드를 오븐에 부탁해보세요. 가뜩이나 좁은 주방에 하릴없이 자리만 차지하고 있다고 미워하고 구박하던 오븐이 사랑스러워지기 시작할 겁니다. 특히 불 앞에 서 있기만 해도 땀이 흥건해지면서 주방 파업 선언! "오늘도 외식합시다!"를 외치고 싶어지는 여름에는 오븐의 활약상에 세레나데라도 불러주고 싶어집니다.

해물 파에야

파에야는 스페인의 대표적인 요리로 해산물을 주재료로 하는
볶음밥이에요. 우리의 구절판이나 뚝배기처럼 음식을 담는
그릇이 요리명이 되었어요. 파에야는 바닥이 얕고 둥글며
양쪽에 손잡이가 달린 프라이팬을 가리키는 말이라고 하네요.
스페인에서는 마을 잔치 때 동네 사람들과 나누어 먹는 나눔의
음식이라고 해요.

◆◇

2인분
요리 시간 40분

재료
쌀 1컵
양파 1/4개
피망 1/4개
토마토 1/4개
모시조개 8개

새우 6마리
올리브오일 약간
강황 1
뜨거운 물 1컵
참치한스푼 1
소금 약간

대체 식재료
강황 ▶ 카레가루

직화와 오븐용기로 가능한
냄비나 뚝배기를 사용하면
재료를 옮기지 않고 볶다가
그대로 오븐에서 익힐 수 있어
설거짓거리가 적어요. 또 오븐은
재료의 온도를 가열하여 요리를
하는 조리 도구라 찬물을 넣으면
데워질 때까지 시간이 걸려 요리
시간이 길어져요. 뜨거운 물을
부으면 오븐 밥을 빨리, 잘 지을
수 있어요.

꼬들꼬들하게
먹는 파에야는 쌀을
너무 오래 불리면
밥알이 퍼지니 오래
불리지 마세요

❶ 쌀은 깨끗이 씻어 건진다.

❷ 양파, 피망, 토마토는
큼직하게 썰고 모시조개는
해감하고 새우는 등 쪽의
내장을 제거한다.

❸ 냄비에 올리브오일을
약간 두르고 양파를 볶다가
양파가 투명해지면 쌀을
넣어 3분 정도 볶다가 강황을
넣어 볶다가 뜨거운 물 1컵과
모시조개, 새우, 참치한스푼
1을 넣는다.

❹ 뚜껑을 덮어 250℃의
오븐에서 25분 정도 밥을
지어 밥에 뜸이 들면 피망과
토마토를 넣고 소금으로
간한다.

오징어구이밥

오징어구이밥을 해 먹을 때면 '오븐'이란 조리 도구에 감사하게 돼요.
채소와 밥이 있으면 고작 볶음밥 정도를 생각하게 되지만 오븐이 있으면
푸짐하면서 근사한 요리를 만들 수 있거든요. 고소하게 익은 빵가루 아래에
부드럽고 촉촉한 오징어와 밥이 잘 어울려 손님 초대 요리로도 좋아요.
오징어 대신 굴이나 문어, 주꾸미, 낙지 등을 올리면 계절마다 다른 맛의
해산물구이밥을 즐길 수 있어요.

◆◇

2인분
요리 시간 25분

대체 식재료
오징어 ▶ 주꾸미
케이준 스파이스 ▶ 고춧가루

주재료
오징어 1마리
당근 1/8개
양파 1/6개
피망 1/4개
옥수수알 2큰술
밥 2공기
빵가루 1/2컵

식용유 약간
다진 파슬리 적당량
후춧가루 약간

오징어 밑간 재료
케이준 스파이스 0.3
소금 · 후춧가루 약간씩

밥 양념 재료
소금 · 참기름 · 검은깨
약간씩

❶ 오징어는 다리를 잡아당겨
내장을 꺼내 잘라내고 다리를
위에서 아래로 훑어가면서
깨끗이 씻는다. 몸통은 가르지
말고 통으로 껍질을 벗겨 0.5cm
두께의 링 모양으로 썰어 케이준
스파이스 0.3, 소금과 후춧가루
약간씩에 밑간한다.

❷ 당근, 양파, 피망은
옥수수알 크기로 잘게 썬다.

❸ 밥은 따끈하게 준비해
소금, 참기름, 검은깨
약간씩으로 간하여 당근, 양파,
피망, 옥수수알을 넣고 골고루
섞는다.

❹ 빵가루에 식용유 약간을
섞어 촉촉하게 만든 다음 다진
파슬리를 넣어 섞는다.

❺ 오븐용기에 채소밥,
오징어, 빵가루 순으로 담는다.

오븐팬에
종이포일을 깔고
재료를 얹어
구워도 돼요

❻ 200℃로 예열한 오븐에서
10분 정도 구워 후춧가루
약간을 뿌린다.

103

볶음밥과
파인애플 쇠고기 꼬치

한국인의 밥상에는 밥이 빠질 수 없어요. 그러나 매일 한상씩
차려내려면 고민하게 돼요. 이런 고민을 해결하는 밥이 있으니 볶음밥과
파인애플 쇠고기 꼬치예요. 달콤한 파인애플은 쇠고기와 밥에 아주 잘
어울려요. 이 요리에는 매콤한 콩나물국이나 김칫국을 곁들이면 더 이상
'오늘 뭐 먹지?' 걱정은 하지 않아도 돼요.

Cooking Tip
밥 위에 파인애플 쇠고기
꼬치를 얹어 오븐에 익히면
익으면서 과일즙과 쇠고기
육즙이 볶음밥에 스며들어
더 맛있어요

104

2인분
요리 시간 30분

주재료
파인애플(통조림) 1조각
양파 1/4개
피망 1/2개
당근(1cm 길이) 1/2토막(20g)
대파 1대
쇠고기(불고기감) 200g
찬밥 1공기+1/2공기

쇠고기 양념 재료
간장 3
설탕 0.5
물엿 1
맛술 1
다진 마늘 1
참기름 0.5
후춧가루 약간

❶ 파인애플은 한입 크기로 썰고 양파, 피망, 당근은 다지고 대파는 송송 썬다.

❷ 쇠고기에 간장 3, 설탕 0.5, 물엿 1, 맛술 1, 다진 마늘 1, 참기름 0.5, 후춧가루 약간을 넣어 조물조물 버무려 10분 정도 재운다.

파인애플 꼬치를 골고루 익히려면 7~8분 정도 지나 꼬치를 뒤집어주세요

❸ 꼬치에 파인애플을 꿰고 양념한 쇠고기를 돌돌 말아 꿴다.

❹ 오븐용기에 찬밥과 양파, 피망, 당근, 대파를 섞어서 담고 파인애플 꼬치를 올려 220℃의 오븐에서 10~15분 정도 익힌다.

오징어 통구이 샐러드

◆◇◆◇◆◇◆◇◆◇◆

2인분
요리 시간 25분

주재료
오징어 1마리
시치미 1
샐러드 채소 적당량

드레싱 재료
샐러드유 2
식초 1
설탕 약간
다진 양파 2
소금 · 후춧가루 약간씩

대체 식재료
시치미 ▶ 고춧가루,
칠리 파우더

샐러드유는
콩기름, 올리브오일,
포도씨 오일,
해바라기씨 오일 등
식성대로 넣으세요

❶ 오징어는 내장을
제거하고 시치미를 솔솔
뿌린다.

❷ 오븐팬에 키친타월을
깔고 스프레이로 물을
촉촉이 뿌린 다음
석쇠를 얹고 오징어를
올려 230℃에서 10분
정도 굽는다.

❸ 샐러드유 2, 식초 1,
설탕 약간, 다진 양파 2,
소금과 후춧가루
약간씩을 섞어 드레싱을
만든다.

❹ 접시에 샐러드 채소를
담고 오징어를 먹기 좋게
썰어 얹은 다음 드레싱을
곁들인다.

닭 가슴살 샐러드

◆◇◆◇◆◇◆◇◆◇◆◇◆◇

2인분
요리 시간 25분

주재료
닭 가슴살 2조각
샐러드 채소 적당량

닭 가슴살 밑간 재료
청주 1
소금 · 후춧가루 약간씩

드레싱 재료
파인애플(통조림) 1/2조각
마요네즈 2
양파 1/8개
설탕 0.5
식초 1
파인애플 주스 1
소금 · 후춧가루 약간씩

대체 식재료
파인애플 ▶ 딸기, 키위

❶ 닭 가슴살은 청주 1,
소금과 후춧가루
약간씩을 뿌려 5분
정도 재운다.

❷ 종이포일이나
쿠킹포일을 깐 오븐팬에
닭 가슴살을 올려
200℃의 오븐에서 20분
정도 굽는다.

❸ 믹서에 파인애플
1/2조각, 마요네즈 2,
양파 1/8개, 설탕 0.5,
식초 1, 파인애플 주스 1,
소금과 후춧가루
약간씩을 넣고 갈아
드레싱을 만든다.

❹ 접시에 샐러드 채소를
담고 구운 닭 가슴살을
얇게 썰어 담고 드레싱을
곁들인다.

남은 치킨 샐러드

◆◇◆◇◆◇◆◇◆◇◆

2인분
요리 시간 30분

재료
남은 치킨(또는 냉동치킨)
1/4마리분
샐러드 채소 1줌
방울토마토 4~5개
올리브 3~4개
단호박(익힌 것) 1/4개
건포도 1큰술

드레싱 재료
양파장아찌 1/2개분
홍고추 1개
올리브오일 3
식초 1
설탕 0.3
후춧가루 약간

Cooking Tip
남은 치킨은 오븐에 구우면
기름기가 빠지면서 담백하고
바삭한 맛으로 데워서
그대로 먹을 때에도 오븐을
활용해주세요.

❶ 먹다 남은 치킨(또는 냉동치킨)은 예열된 오븐 200도에 10분간 데운다.

❷ 샐러드 채소, 올리브, 단호박 익힌 것은 먹기 좋은 크기로 썬다.

❸ 양파장아찌, 홍고추는 채 썰고 섞어서 올리브오일, 식초, 설탕, 후춧가루를 넣어 섞는다.

❹ 샐러드 채소를 담고 샐러드 드레싱을 뿌리고 준비한 재료를 돌려 담고 데운 치킨을 올린다.

2인분
요리 시간 25분

주재료
표고버섯 2개
느타리버섯 1/4팩
새송이버섯 1개
양상추 1/8통
샐러드 채소 적당량
파르메산 치즈 1

버섯 밑간 재료
올리브오일 3
소금 · 후춧가루 약간씩

드레싱 재료
발사믹 식초 2
올리브오일 1

Cooking Tip
소금과 후춧가루를 뿌려
오래 두면 절여져서 수분이
생기면서 버섯이 질겨지니
밑간은 굽기 직전에 하세요.

버섯 샐러드

버섯을
꼬들꼬들하게
구우면
더 맛있어요

❶ 양상추는 먹기 좋게
손으로 뜯고, 샐러드
채소는 씻어 물기를
제거한다.

❷ 표고버섯은 밑동을
제거하여 모양대로
편으로 썰고 느타리버섯은
밑동을 잘라내고
손으로 가닥가닥 떼고
새송이버섯은 밑동을
잘라내고 손가락
굵기보다 얇게 썬다.
버섯에 올리브오일 3,
소금과 후춧가루를 약간
뿌린다.

❸ 오븐팬에 쿠킹포일을
깔고 버섯을 펼쳐 올리고
220℃의 오븐에서 10분
정도 익혀 접시에 담는다.
먹기 직전에 발사믹 식초
2, 올리브오일 1을 섞어
양상추와 샐러드 채소에
넣어 버무려 버섯 위에 얹고
파르메산 치즈를 뿌린다.

109

해산물 샐러드

해산물을 요리할 때 어려운 점은 비린내가 나거나 자칫 잘못 조리하면 질겨진다는 것이죠. 비린내가 나는 것은 해산물이 싱싱하지 않아서이기도 하지만 익힐 때 온도를 잘 못 맞추기 때문이에요. 또 해산물을 오래 익히면 살이 질겨져요. 그런데 오븐에서 굽는 해산물은 이 두 가지 고민을 말끔히 해결해줘요. 물을 사용하지 않고 온도가 일정하니 제맛도 잃지 않고 비리지 않으며 부드럽게 먹을 수 있어요. 혹 샐러드 채소가 준비되지 않았다면 초고추장에 찍어 먹는 해산물구이로 긴급 변경하세요.

Cooking Tip
해산물을 한꺼번에 많이 구울 때에는 여러 종류를 섞어서 굽지 말고 종류별로 모아서 오븐팬에 올려 구우세요. 또 먼저 익은 해산물을 꺼내 가며 나머지 해산물을 익혀야 부드러운 해산물을 먹을 수 있어요

2인분	주재료	레몬 드레싱 재료	겨자 드레싱 재료
요리 시간 25분	키위 1개	올리브오일 2	올리브오일 2
	오렌지 1/2개	레몬즙 2	식초 1
	양파 1/4개	다진 파슬리 약간	다진 마늘 0.3
대체 식재료	샐러드 채소 약간	소금 · 후춧가루 약간씩	연겨자 약간
연겨자 ▶ 고추냉이,	새우(중하) 4마리		
머스터드	모시조개 8개		
	오징어 1/2마리		
	화이트 와인 2		
	소금 · 후춧가루 약간씩		

❶ 키위와 오렌지는 껍질을 벗기고 길쭉하게 모양대로 썬다.

❷ 양파는 링 모양으로 얇게 썰어 찬물에 잠깐 담갔다가 건지고 샐러드 채소는 먹기 좋은 크기로 손질하여 찬물에 담갔다가 건진다.

❸ 새우는 등 쪽의 내장을 제거하고 모시조개는 엷은 소금물에 담가 해감하고 오징어는 껍질을 벗긴 후 안쪽에 칼집을 넣어 먹기 좋은 크기로 썬다.

❹ 오븐팬에 쿠킹포일을 깔고 해산물을 올려 200℃에서 10분 정도 익힌다.

❺ 올리브오일 2, 레몬즙 2, 다진 파슬리와 소금, 후춧가루 약간씩을 섞어 해산물에 버무려 5분 정도 재운다. 접시에 키위, 오렌지, 양파, 샐러드 채소와 섞어 담고 올리브오일 2, 식초 1, 다진 마늘 0.3, 연겨자 약간을 섞어 곁들인다.

목살 스테이크
샐러드

이 요리는 한 레스토랑의 메뉴로 유명해요. 한국인들이 좋아하는 목살에
채소를 넉넉히 곁들여 푸짐하면서도 맛이 잘 어울리는 샐러드예요.
샐러드이긴 하나 메인 요리로도 손색이 없으니 손님상에도 자신있게 내세요.

Cooking Tip
돼지고기 목살은 구이용으로
준비하여 식성에 따라 다양한
향신료로 밑간하여 조리해도
돼요

2인분
요리 시간 30분

대체 식재료
양송이버섯 ▶ 새송이버섯.
느타리버섯, 표고버섯

주재료
돼지고기 목살(스테이크용)
200g
소금 · 후춧가루 약간씩
레드 와인 1
양송이버섯 3개
샐러드 채소 적당량
샐러드 드레싱 적당량

옥수수 샐러드 재료
빨강 피망 1/8개
옥수수(통조림) 1/4컵
소금 · 설탕 약간씩
식초 약간

스테이크 소스 재료
레드 와인 1/4컵
우스터소스 2
설탕 1
소금 약간

❶ 돼지고기는 목살로 준비하여
소금과 후춧가루 약간씩과
레드 와인 1을 뿌리고 오븐팬에
쿠킹포일을 깔고 돼지고기
목살을 올려 250℃에서 10분
정도 구워 접시에 담는다.

❷ 양송이버섯은 모양을 살려
두툼하게 썰고 샐러드 채소는
흐르는 물에 깨끗이 씻어
물기를 뺀다.

❸ 빨강 피망은 옥수수알
크기로 썰어 옥수수, 소금과
설탕, 식초 약간씩에 버무린다.

❹ 냄비에 레드 와인 1/4컵,
우스터소스 2, 설탕 1, 소금
약간, 양송이버섯을 넣고
5분 정도 끓여 돼지고기에
끼얹고 샐러드 채소와 옥수수
샐러드를 곁들인다.

토마토 버섯 소스와
햄버그스테이크

햄버그를 만들 때마다 동그랑땡이 생각나요.
우리는 두부를 먹고 살았으니 고기에 두부를 넣어 부드럽게 반죽했을 테고
서양 사람들은 빵을 먹고 살았으니 고기에 빵가루를 넣어 반죽을 했겠죠.
그래서 닮은 듯 다른 요리이고, 다른 듯 닮은 요리 같아요.
햄버그스테이크에 빵가루 대신 두부를 넣어 반죽해도 좋아요.

Cooking Tip

햄버그스테이크는 만들
때 다진 쇠고기와 다진
돼지고기의 비율에 따라서
맛에 차이가 나니 입맛에
맞게 비율을 조절하세요

2인분	주재료	너트메그 약간	토마토 버섯 소스 재료
요리 시간 35분	양파 1/2개	달걀 1/2개	토마토 1/2개
	식용유 약간	다진 마늘 0.5	느타리버섯 1줌
	다진 쇠고기 100g	소금 약간	양송이버섯 4개
대체 식재료	다진 돼지고기 100g	모차렐라 치즈 적당량	양파 1/4개
너트메그 ▶ 로즈메리,	빵가루 1/4컵		토마토소스 4
오레가노	우유 1/4컵		
토마토소스 ▶ 토마토케첩	토마토케첩 0.3		

❶ 양파 1/2개는 곱게 다져 팬에 식용유를 두르고 갈색이 되도록 볶는다.

❷ 쇠고기와 돼지고기에 양파, 빵가루, 우유, 토마토케첩, 너트메그, 달걀, 다진 마늘, 소금을 넣어 끈기가 생길 때까지 치대어 동글납작하게 빚어 팬을 달구어 식용유를 두르고 센 불에서 앞뒤로 1분 정도 굽는다.

❸ 소스 재료인 토마토는 굵게 다지고 느타리버섯은 밑동을 잘라내어 가닥가닥 떼고 양송이버섯은 모양대로 슬라이스하고 양파는 채 썬다.

❹ 볼에 토마토, 느타리버섯, 양송이버섯, 토마토소스 4를 넣고 섞는다.

❺ 오븐팬에 패티를 담고 토마토 버섯 소스를 얹고 모차렐라 치즈를 뿌려 220℃에서 10분 정도 굽는다.

닭고기 안심 꼬치구이

◆◇◆◇◆◇◆◇◆◇◆

2인분
요리 시간 25분

주재료
닭고기(안심) 8조각
사테 소스(시판용) 1봉
식용유 약간

땅콩 소스 재료
땅콩버터 2
다진 땅콩 0.5
설탕 0.5
식초 0.5
맛술 1.5

Cooking Tip
사테 소스가 없다면 플레인
요구르트 1/4컵에 카레가루
2를 섞어서 5분 정도
재워두었다가 사용하세요.

❶ 닭고기는 안심으로
준비하여 시판 사테
소스에 20분 정도
재운다.

❷ 꼬치에 닭고기를
꿰서 200℃의 오븐에서
10분 정도 굽는다.

❸ 땅콩버터 2를
부드럽게 만들어 다진
땅콩 0.5, 설탕 0.5,
식초 0.5, 맛술 1.5를
섞는다.

❹ 접시에 구운 닭고기를
담고 땅콩 소스를
곁들인다.

◆◇◆◇◆◇◆◇◆◇◆

2인분
요리 시간 35분

재료
연어 400g
브로콜리 1/2송이
소금 · 후춧가루 약간씩
달걀 1개
올리브오일 적당량

연어 크러스트 재료
빵가루 1/2컵
파르메산 치즈 2
파슬리 2
소금 · 후춧가루 약간씩

대체 식재료
연어 ▶ 닭 가슴살
브로콜리 ▶ 각종 채소류

연어
스테이크

Steak

❶ 연어는 스테이크 모양으로 자른다. 브로콜리는 먹기 좋게 썰어 소금, 후춧가루로 간을 한다.

❷ 분량의 연어 크러스트 재료를 골고루 섞고 달걀을 잘 풀어 준다.

❸ 연어를 달걀에 담갔다가 크러스트 재료를 골고루 입힌다.

❹ 오븐팬에 연어와 브로콜리를 담고 올리브오일을 골고루 뿌린 다음 예열된 200도의 오븐에서 10~12분간 굽는다.

베이컨 돼지고기 안심 스테이크

쇠고기 안심과 달리 돼지고기 안심은 누구나 좋아하는 식재료라고는 하기 어렵죠.
그러나 잘 활용하면 저렴한 가격과 부드러운 맛으로 우리집 식탁을 풍성하게
만들어요. 돼지고기 안심의 이런 매력을 오븐 요리로 더 살려보세요.

Cooking Tip

돼지고기 안심이 익지 않고
베이컨에 색이 많이 난다면
베이컨 위에 쿠킹포일을 감싸세요.
베이컨의 색은 더 나지 않고
돼지고기 안심은
잘 익힐 수 있어요

2인분
요리 시간 40분

재료
돼지고기(안심) 300g
소금 · 후춧가루 약간씩
양파 1/4개
마늘 2쪽
느타리버섯 1줌
식용유 약간
베이컨 8줄

대체 식재료
돼지고기 ▶ 닭 가슴살

❶ 돼지고기는 안심으로
준비하여 소금과 후춧가루
약간씩을 고루 뿌린다.

❷ 양파와 마늘, 느타리버섯을
곱게 다져 팬에 식용유를 약간
두르고 살짝 볶는다.

❸ 쿠킹포일 위에 베이컨을
나란히 깔고 볶은 채소를 얇게
깐 다음 돼지고기 안심을
통으로 올리고 김밥을 싸듯이
둥글게 만다.

❹ 오븐팬에 키친타월을 깔고
스프레이로 물을 촉촉이 뿌린
다음 석쇠를 얹고 돼지고기를
올려 180℃의 오븐에서 30분
정도 익혀 한 김 식으면 한입
크기로 자른다.

로스트 치킨

서양의 크리스마스나 파티에 빠지지 않는다는 로스트 치킨과 와인 한잔.
우리집에서는 야식에 빠지지 않는 치킨과 맥주 한잔이 있어요.
이 레시피는 오븐에 구워 기름기가 쏙 빠져 야식 메뉴로 적극 추천하고 싶어요.
바쁘신 분들은 닭 볶음탕용 닭을 적당한 크기로 잘라 구우세요.

◆◇

2인분
요리 시간 60분

주재료
닭 1마리(900g~1kg)
양파 1개
감자 2개
단호박 1/4개
올리브오일 약간
머스터드 약간

닭 밑간 재료
올리브오일 2
소금 · 후춧가루 약간씩

Cooking Tip

로스트 치킨은 높은 온도로
계속 구우면 겉은 타고 속은
잘 익지 않기 때문에 어느 정
도 색이 나면 온도를 낮추어
속을 익혀야 해요. 닭 가슴살
쪽이 부분적으로 색이 많이
날 경우에는 쿠킹포일을 잘
라서 색이 난 부분을 감싸면
돼요.
남은 로스트 치킨은 살을 발
라내어 샐러드나 볶음밥에
넣어 먹고 다시 데워서 먹
을 때에는 전자레인지보다
200℃의 오븐에서 10분 정도
데우면 금방 구운 것처럼 맛
있게 먹을 수 있어요.

❶ 닭은 꽁지를 잘라내고
배와 껍질 안쪽의 피나 기름
등을 제거한 후 흐르는 물에
깨끗이 씻는다. 물기를 제거한
후 올리브오일 2, 소금과
후춧가루를 약간씩 뿌린다.

❷ 양파는 큼직하게 썰고
감자와 단호박은 먹기 좋게
썬다.

❸ 닭의 배에 양파를 넣고
다리가 움직이지 않도록 다리
안쪽의 껍질에 1cm 정도의
칼집을 내어 반대편의 다리를
꽂아 고정시키거나 다리를
실로 ×자로 묶는다.

❹ 오븐팬에 쿠킹포일을
깔고 키친타월을 얹은 다음
스프레이로 물을 촉촉이
뿌려 석쇠를 얹고 닭, 감자,
단호박을 올린다.

❺ 250℃의 오븐에서 25분
정도 구운 다음 230℃로 온도를
낮추어 15분 정도 굽는다. 중간에
붓으로 닭에 올리브오일을
골고루 덧발라 노릇노릇하게
색이 나도록 익으면 그릇에 담고
머스터드를 곁들인다.

닭고기 허브 소금구이

◆◇◆◇◆◇◆◇◆◇◆

2인분
요리 시간 40분

재료
닭 1마리(600~700g)
달걀흰자 1개분
굵은소금 2컵

대체 식재료
닭 ▶ 도미

Cooking Tip
닭고기 허브 소금구이는
오븐팬째 식탁에 올려
즉석에서 소금을 깨트려
먹는 요리예요. 닭고기에
따로 소금 간을 하지 않아도
돼요. 달걀노른자만 사용하는
베이킹 요리를 만들고 나서
남은 달걀흰자를 냉동실에
보관했다가 닭고기 허브
소금구이에 넣으세요.

❶ 닭은 손질하여
물기를 제거하고 다리가
움직이지 않도록 다리
안쪽의 껍질에 1cm
정도의 칼집을 내어
반대편의 다리를 꽂아
고정시키거나 다리를
실로 ×자로 묶는다.

❷ 달걀흰자는 거품기로
충분히 거품을 내어
굵은소금을 넣어
섞는다.

❸ 오븐용기에
종이포일이나
쿠킹포일을 깔고
닭을 얹고 소금으로
덮는다.

❹ 220℃로 예열한
오븐에서 30분 정도
굽는다.

탄두리 치킨과 감자

2인분
요리 시간 35분

재료
닭 다리 8개
플레인 요구르트 1개
탄두리 양념 1봉(1/4컵)
감자 1개

대체 식재료
탄두리 양념 1봉 ▶
카레가루 3~4

Cooking Tip
탄두리 양념 대신 강황,
칠리가루 등의 향신료를
입맛에 맞게 배합해도
좋고 인스턴트 카레가루를
사용해도 돼요.

탄두리 양념은
대형마트나
동남아시아
식재료숍에서
판매해요

❶ 닭 다리는 칼집을
넣고 감자는 먹기 좋게
썬다.

❷ 닭 다리와 감자에
탄두리 양념과 플레인
요구르트를 넣고 버무려
10분 정도 재운다.

❸ 오븐팬에 쿠킹포일을
깔고 키친타월을 얹은
다음 스프레이로 물을
촉촉이 뿌려 석쇠를
얹고 닭 다리와 감자를
올린다.

❹ 230℃의 오븐에서
20~25분 정도 굽는다.

닭 날개
스파이시구이

◆◇◆◇◆◇◆◇◆◇◆

2인분
요리 시간 25분

주재료
닭 날개 10개

닭 밑간 재료
맛술 1
소금 약간

소스 재료
두반장 2
설탕 0.5
물엿 1
핫소스 0.5
다진 마늘 0.5

Cooking Tip
소스를 바르기 전에
닭 날개의 색이 많이
났다면 온도를 더
내려서(250℃보다 낮은
220℃로) 소스를 발라
구우면 윤기나게 구울 수
있어요.

❶ 닭 날개는 깨끗이
씻어 잔칼집을 내고
맛술 1, 소금 약간에
고루 섞는다.

❷ 오븐팬에 쿠킹포일을
깔고 키친타월을 얹은
다음 스프레이로 물을
촉촉이 뿌려 석쇠를
얹고 닭 날개를 올려
250℃의 오븐에서 15분
정도 굽는다.

❸ 두반장 2, 설탕 0.5,
물엿 1, 핫소스 0.5,
다진 마늘 0.5를 섞어
소스를 만든다.

❹ 닭 날개에 소스를
골고루 바르고 250℃의
오븐에서 5분 정도
더 굽는다.

◆◇◆◇◆◇◆◇◆◇◆◇◇

2인분
요리 시간 35분

재료
닭 가슴살 2조각
허브솔트 약간
올리브오일 적당량
방울토마토 8개
바질 약간
바질 페스토 2
모차렐라 치즈 100g

대체 식재료
바질 ▶ 깻잎
허브솔트 ▶
소금, 후춧가루

그릴 치킨
마르게리타

❶ 닭 가슴살에
허브솔트와
올리브오일을 뿌려
10분 정도 재운다.

❷ 방울토마토는
4등분하고 바질은 굵게
채 썬다

❸ 팬에 닭 가슴살을
넣어 앞뒤로 노릇에서
구운 다음 모차렐라
치즈를 얹어 예열한
200도의 오븐에서
7~8분 정도 굽는다.

❹ 모차렐라 치즈가
녹으면 바질 페스토와
방울토마토를 얹고 채 썬
바질을 뿌린다.

레몬 소스 닭 다리구이

닭고기를 부위별로 팔지 않았을 때에는 닭 한 마리를 요리해놓으면
항상 닭 다리를 차지하기 위해 전쟁이 벌어지곤 했어요. 요즘에는 요리 방법에
따라 부위별로 닭고기를 선택할 수 있으니 닭 다리 전쟁은 이제 벌어지지 않아요.

Cooking Tip
레몬 제스트는 곱게 갈리는
제품을 이용하거나 레몬
껍질을 얇게 저며 곱게 다져
사용하세요

2인분
요리 시간 40분

대체 식재료
닭 다리 ▶ 닭 날개

주재료
닭 다리 4개
레몬 1/2개
샐러드 채소 50g
파슬리가루 약간

닭 마리네이드 재료
카레가루 2
올리브오일 1
꿀 1
다진 마늘 1
소금 · 후춧가루 약간씩
파슬리가루 약간

소스 재료
꿀 2
화이트 와인 2
레몬즙 2
물 1/4컵
간장 1
올리브오일 1
레몬 제스트 1
소금 · 후춧가루 약간씩

❶ 닭 다리는 깨끗이 손질하여 물기를 제거한다.

❷ 카레가루 2, 올리브오일 1, 꿀 1, 다진 마늘 1, 소금과 후춧가루, 파슬리가루 약간씩을 섞어 닭에 버무려 20분 정도 재운다.

❸ 마리네이드한 닭을 200℃의 오븐에서 30분 정도 굽는다.

❹ 팬에 꿀 2, 화이트 와인 2, 레몬즙 2, 물 1/4컵, 간장 1, 올리브오일 1, 레몬 제스트 1, 소금과 후춧가루 약간씩을 넣고 되직해질 때까지 5분 정도 끓인다.

샐러드 채소에 드레싱을 곁들이거나 올리브오일과 소금, 후춧가루를 뿌리세요

❺ 샐러드 채소는 씻어 물기를 빼서 접시에 담고 구운 닭고기를 얹은 다음 소스를 끼얹고 파슬리가루를 뿌린다.

소시지
베이크트빈구이

오븐 요리는 준비한 재료를 오븐용기에 담고 타이머 버튼만 누르면
요리가 완성되니 '음식이 탈까', '국물이 끓어 넘칠까' 걱정하지 않아도 돼요.
소시지 베이크트빈구이는 요리에 자신 없는 분들을 위한 오늘의 요리예요.

Cooking Tip
토마토소스가 없을 때에는
냄비에 다진 마늘과 고추장,
토마토케첩, 설탕을 넣고 간을
해서 끓여 사용하면 돼요

◆◇◆

2인분
요리 시간 30분

재료
프랑크 소시지 8개
파프리카 1/2개
양파 1/4개
옥수수(통조림) 1/4컵
베이크트빈(통조림) 1개

토마토소스 1/4컵
빵가루 약간
파슬리가루 약간

대체 식재료
소시지 ▶ 햄, 가래떡, 어묵

❶ 프랑크 소시지는 사선으로
칼집을 넣는다.

❷ 파프리카와 양파는
옥수수알 크기로 썰고
옥수수는 체에 밭쳐 물기를
뺀다.

❸ 파프리카, 양파, 옥수수,
베이크트빈, 토마토소스를
잘 섞는다.

식탁 위에
바로 올릴 수 있는
오븐용기(얕고 넓은
것)에 구울 때에는
쿠킹포일을 깔지 않고
그대로 담으세요

❹ 오븐팬에 쿠킹포일을 깔고
프랑크 소시지를 띄엄띄엄
놓는다. 소시지 위에 ③을 듬뿍
얹고 빵가루를 약간 올린다.

❺ 200℃로 예열한 오븐에서
10분 정도 구워 파슬리가루를
뿌린다.

수제 소시지

소시지를 질이 나쁜 고기에 여러 가지 첨가물을 넣어 만든 음식이라고 생각하여
먹으면 큰일 날 것처럼 반응하곤 하죠. 그러나 소시지를 좋아하는 아이들을 위해
오븐으로 만드는 건강한 수제 소시지 레시피를 꺼내놓을게요. 쇠고기, 돼지고기,
닭고기, 오리고기, 해산물로 만드는 다양한 소시지에 도전해보세요.

Cooking Tip
수제 소시지는 반죽하여
햄버거 패티로 활용해도
좋아요

2인분
요리 시간 30분

대체 식재료
표고버섯 ▶ 견과류

주재료
양파 1/4개
불린 표고버섯 1개
풋고추 1개
올리브오일 약간
소금 약간
다진 쇠고기 100g

다진 돼지고기 100g
다진 마늘 1
녹말가루 2
방울토마토 8개
양송이버섯 4개

쇠고기 · 돼지고기 밑간 재료
참치한스푼 1
소금 · 후춧가루 약간씩

❶ 양파는 곱게 다지고 불린
표고버섯은 물기를 꼭 짜서
기둥을 떼어내어 곱게 다지고
풋고추는 꼭지를 떼어내고 씨째
길이로 4등분하여 곱게 다진다.

❷ 팬에 올리브오일을 두르고
양파, 표고버섯, 풋고추를 볶아
소금 간하여 식힌다.

❸ 다진 쇠고기와 돼지고기를
섞어 참치한스푼 1, 소금과
후춧가루로 밑간을 하고
다진 마늘 1, 양파, 표고버섯,
풋고추, 녹말가루 2를 넣어 잘
섞는다.

❹ 끈기 있게 치대어 길쭉하게
소시지 모양으로 빚는다.
오븐팬에 종이포일이나
쿠킹포일을 깔고 소시지를 얹어
방울토마토와 양송이버섯을
2등분하여 올린 다음
올리브오일을 약간 뿌려
220℃에서 10~15분 정도 굽는다.

소시지
채소말이구이

◆◇◆◇◆◇◆◇◆◇◆

2인분
요리 시간 25분

재료
소시지 4개
가지 1개
소금 약간
베이컨 4줄
머스터드 약간

대체 식재료
가지 ▶ 주키니 호박

Cooking Tip
가지는 슬라이서나 감자
필러를 이용하면 일정한
두께로 쉽게 썰 수 있어요.

❶ 소시지는 칼집을
넣고 가지는 길이로
얇게 썰어 소금을 약간
뿌린다.

❷ 가지에 소시지를
얹어 돌돌 만 다음
베이컨으로 만다.

❸ 오븐팬에 쿠킹포일을
깔고 키친타월을 얹은
다음 스프레이로 물을
촉촉이 뿌려 석쇠를
얹고 소시지말이를 올려
200℃에서 10분 정도 구워
머스터드를 곁들인다.

◆◇◆◇◆◇◆◇◆◇◆◇◇

2인분
요리시간 20분

재료
닭 가슴살 2조각
양송이버섯 4개
버터 3
다진 마늘 1
파슬리가루 약간
소금 · 후춧가루 약간

대체 식재료
양송이버섯 ▶ 새송이버섯,
표고버섯

Cooking Tip
마늘 버터는 둥글게 뭉쳐
랩에 싸서 냉장고에 차게
보관해 주세요. 버터가
굳어지면 얇게 잘라서
사용할 수 있어요

닭 가슴살 버섯구이와 마늘 버터

Grilled

❶ 양송이버섯은
슬라이스하고 버터는
부드럽게 풀어 다진
마늘과 파슬리가루를
넣어 섞는다.

❷ 오븐용기에
닭 가슴살을 얹고 소금,
후춧가루를 뿌린 다음
양송이버섯을 얹는다.

❸ 닭 가슴살에 마늘
버터를 얹는다.

❹ 예열한 오븐에서
10~13분간 굽는다.

랍스터 갈릭 버터 치즈구이

1인분
요리 시간 30분

재료
랍스터 1마리
모차렐라 치즈 1/2컵
껍질콩 50g

마늘 소스 재료
녹인 버터 2
다진 마늘 1
소금 · 후춧가루 약간

Cooking Tip
익힌 랍스터는 갈라서 굽지
않고 치즈를 올려 그대로
구워주세요.

스팀 오븐 기능을
이용하면 더
부드럽게 익힐 수
있다.

❶ 랍스터는 200도의
오븐에서 10분 정도
익힌 후 반으로 가른다.

❷ 마늘 소스를 만든다.

❸ 마늘 소스를 골고루
뿌리고 치즈를 듬뿍
올린다.

❹ 곁들임 채소를 올려
180도에서 10~12분간
굽는다.

생선 와인구이

2인분
요리 시간 30분

주재료
흰살 생선 200g
알감자 6개
방울토마토 6개
바지락(해감한 것) 100g
화이트 와인 4
참치한스푼 0.5
소금 · 후춧가루 약간씩

흰살 생선 밑간 재료
소금 · 후춧가루 약간씩
오레가노 약간

대체 식재료
바지락 ▶ 모시조개

Cooking Tip
오븐용기는 식탁에 바로
올릴 수 있는 내열유리나
도자기를 사용하면
따끈하게 먹을 수 있어요.

바질이나
로즈메리 등의 신선한
허브를 사용하세요

❶ 흰살 생선은
포 뜬 것으로 준비하여
소금과 후춧가루를
뿌린 다음 오레가노를
뿌린다.

❷ 알감자와
방울토마토는 반으로
자른다.

❸ 오븐용기에 흰살
생선과 바지락, 알감자,
방울토마토를 담고
화이트 와인을 골고루
뿌린다.

❹ 참치한스푼 0.5,
소금과 후춧가루를
약간씩 뿌리고 200℃로
예열한 오븐에서 25분
정도 익힌다.

홍합 크림소스구이

홍합은 색이 홍색이라서 홍합이라고 하며 지역마다 부르는 이름이 달라요. 담치,
합자, 열합, 섭이라고도 부른다고 하네요. 찬바람이 불 때 끓이는 시원한 국물 맛의
홍합탕도 좋지만 크림 소스를 듬뿍 올려 구우면 프랑스 가정의 저녁 식탁에 앉아
있는 것 같아요. 먹는 방법은 다르지만 맛있는 재료를 알아보는 것은 다 똑같아요.

2인분	주재료	크림소스 재료
요리 시간 20분	홍합 2줌	밀가루 0.5
	양파 1/4개	버터 0.3
	피망 1/2개	생크림 1/4컵
	빨강 피망 1/2개	우유 1/2컵
	모차렐라 치즈 적당량	파슬리가루 약간
		소금 · 후춧가루 약간씩

❶ 홍합은 수염을 잡아당기면서 가위로 잘라내고 껍질을 문질러가며 깨끗하게 씻는다.

❷ 양파와 피망, 빨강 피망은 잘게 다진다.

❸ 냄비에 홍합이 잠길 정도로 물을 붓고 삶아 홍합이 입을 벌리면 꺼내 홍합살이 없는 껍데기는 떼어낸다.

❹ 팬에 밀가루 0.5와 버터 0.3을 볶다가 생크림 1/4컵과 우유 1/2컵을 넣어 잘 풀어서 5분 정도 끓여 소금과 후춧가루로 간한다.

❺ 한쪽 껍데기를 떼어낸 홍합 위에 다진 양파와 피망을 올리고 크림소스를 뿌린 다음 모차렐라 치즈를 뿌려 220℃로 예열한 오븐에서 10분 정도 노릇하게 굽는다.

오징어 채소구이

◆◇◆◇◆◇◆◇◆◇◆

2인분
요리 시간 25분

주재료
오징어 1마리
양파 1개
마늘종 2대
빨강 피망 1/2개
소금 약간
마요네즈 3

오징어 밑간 재료
간장 2
다진 마늘 1
후춧가루 약간

대체 식재료
마늘종 ▶ 껍질콩, 피망, 브로콜리

마요네즈는
짤주머니나
소스통에 담아
골고루 뿌리세요

❶ 오징어는 내장을 빼고 1cm 두께로 썰어서 간장 2, 다진 마늘 1, 후춧가루 약간을 넣어 5분 정도 재운다.

❷ 양파는 링 모양으로 썰고 마늘종과 빨강 피망은 4cm 길이로 썬다.

❸ 오븐팬에 종이포일이나 쿠킹포일을 깔고 양파를 올린 다음 오징어와 마늘종, 빨강 피망을 올려 200℃에서 10~15분 정도 굽는다.

❹ 오징어가 익으면 마요네즈를 뿌린다.

◆◇◆◇◆◇◆◇◆◇◆

2인분
요리 시간 35분

주재료
감자 2개
양파 1/2개
양송이버섯 2개
베이컨 2줄
모차렐라 치즈 1/2컵

화이트소스 재료
버터 1.5
밀가루 2
우유 1컵+1/2컵
소금 · 후춧가루 약간씩

대체 식재료
베이컨 ▶ 햄

Cooking Tip
화이트소스의 밀가루와
버터를 볶을 때 버터가
색이 나기 쉽기 때문에
은근한 불에서 골고루
저어가며 볶아야 해요.

감자 그라탱

❶ 감자는 삶아서
으깨고 양파는
채 썰고 양송이버섯은
납작하게 썬다.

❷ 베이컨은 적당한
크기로 썰어 팬에
볶다가 양파와
양송이버섯을 넣어
볶는다.

❸ 화이트소스를 만든다.
냄비에 버터 1.5를 두르고
밀가루 2를 넣어 은근한
불에서 색이 나지 않도록
볶다가 우유 1컵 +1/2컵을
넣어 멍울이 지지 않도록
잘 푼 다음 소금과
후춧가루로 간을 한다.

❹ 그라탱 용기에 감자와
양파, 양송이버섯,
베이컨을 담고
화이트소스를 끼얹은
다음 모차렐라 치즈를
뿌려 230℃의 오븐에서
10분 정도 굽는다.

참치 푸실리 그라탱

생선과 고기, 달걀, 채소, 파스타 등 한 가지 또는 몇 가지 재료를 섞고
소스를 넣어 그라탱 그릇에 담아 치즈나 빵가루를 뿌려 오븐에 구운
요리를 그라탱이라고 불러요. 그라탱을 먹을 때면 우리나라 뚝배기가
생각나요. 가족수대로 작은 그라탱 용기를 하나씩 준비해두었다가
만들어도 좋고 없다면 뚝배기를 이용하세요.

Cooking Tip
파스타는
물 1ℓ 에 소금 1큰술을
넣고 삶으세요

2인분	주재료	카레 소스 재료	대체 식재료
요리 시간 35분	참치 통조림 1개	양송이버섯 2개	푸실리 ▶ 펜네, 마카로니
	푸실리 100g	버터 1.5	
	삶은 달걀 2개	밀가루 1.5	
	완두콩 2	카레가루 0.5	
	모차렐라 치즈 1/2컵	우유 1컵+1/2컵	
	슬라이스 치즈 1장	소금 · 후춧가루 약간씩	
	식용유 약간		
	소금 · 후춧가루 약간씩		

❶ 참치 통조림은 체에 걸러 기름기를 제거하고 삶은 달걀은 1/4등분하고 양송이버섯은 슬라이스한다.

❷ 푸실리는 끓는 물에 소금을 넣어 8분 정도 삶아 물에 헹구지 않고 그대로 건진다.

❸ 카레 소스를 만든다. 냄비에 버터 1.5를 두르고 밀가루 1.5와 카레가루 0.5를 넣어 은근한 불에서 색이 나지 않도록 볶다가 양송이버섯을 볶다가 우유 1컵＋1/2컵을 넣어 멍울 지지 않도록 잘 풀어 소금과 후춧가루로 간을 한다.

❹ 그라탱 용기에 참치, 푸실리, 달걀, 완두콩을 섞어서 담고 ③의 카레 소스를 골고루 뿌린 다음 모차렐라 치즈와 슬라이스 치즈를 올려 230℃의 오븐에서 10분 정도 굽는다.

토마토 키슈

키슈Quiche 요리는 프랑스와
독일의 국경 지역인 알자스
지방에서 유래되었어요. 파이
반죽에 달걀과 우유, 생크림을 넣고
채소를 넣어 구운, 식사 대용으로
먹는 파이예요. 오래전 처음 키슈를
맛보았을 때에는 조금 느끼하다고
생각했지만 이제는 무한정 먹게
되는 무서운 파이가 됐어요.

Cooking Tip

토마토 키슈를 만들 때에는
두꺼운 오븐팬보다는 얇은 팬을
사용해야 충전물이 짧은 시간 안에
익어요. 두꺼운 팬에 충전물을 담아
익혀야 한다면 굽는 온도를 160℃로
내리고 시간을 10~15분 정도
추가하여 익히세요

◆◆

2인분
요리 시간 35분

대체 식재료
강력분 ▶ 중력분

반죽 재료
강력분 125g
소금 2g
버터 55g
달걀노른자 1개분
물 1
파슬리가루 약간

충전물 재료
방울토마토 100g
(6~7개 정도)
브로콜리 1/4송이
햄(통조림) 1/6통
우유 1/2컵
생크림 1/2컵

달걀 1개
소금·후춧가루 약간씩
모차렐라 치즈 1/2컵
슬라이스 치즈 1장

❶ 강력분, 소금, 버터,
달걀노른자, 물 1을 섞어서
한 덩어리로 뭉쳐 비닐에
담아 냉장고에서 1시간 정도
휴지시킨다.

❷ 휴지시킨 반죽을 타르트
틀에 맞춰 0.2cm 두께로
밀어서 180℃의 오븐에서 10분
정도 굽는다.

❸ 방울토마토는 반으로
자르고 브로콜리는 끓는 물에
데쳐 찬물에 헹구어 먹기 좋은
크기로 썰고 햄은 납작하게
썬다.

❹ 우유 1/2컵, 생크림 1/2컵,
달걀 1개를 잘 섞은 다음
소금과 후춧가루로 간을 한다.

❺ 구운 타르트 틀에 준비한
재료를 골고루 담고 ④를
부은 다음 모차렐라 치즈와
슬라이스 치즈를 골고루
뿌린다.

❻ 170℃의 오븐에서 25~30분
정도 노릇노릇하게 구워
파슬리가루를 뿌린다.

라자냐

라자냐는 여러 가지 파스타 면 중 얇고 넓적한 면이에요.
그러다 보니 다른 파스타처럼 소스를 버무리는 것이 아니라
면 사이사이에 소스를 층층이 넣어 먹어야 해요.
파스타가 흔하지 않던 시절 특별해 보이기 위해
레스토랑에서 라자냐를 주문하곤 했는데
이제는 집에서도 쉽게 특별한 라자냐를 만들 수 있어요.

Cooking Tip
라자냐는 강력분 1컵에 달걀
1개, 올리브오일 1~2를
넣고 반죽하여 얇게 밀어서
사용해도 돼요

2인분
요리 시간 35분

주재료
라자냐 3장
소금 약간
토마토소스 1컵
모차렐라 치즈 1/2컵
파르메산 치즈 약간
파슬리가루 약간

화이트 소스 재료
버터 1
밀가루 1.5
우유 2/3컵
소금 · 후춧가루 약간씩

❶ 라자냐는 끓는 물에 소금을 넣어 6분 정도 삶아 물에 헹구지 않고 그대로 체에 거른다.

❷ 화이트소스를 만든다. 냄비에 버터 1을 두르고 밀가루 1.5를 넣어 은근한 불에서 색이 나지 않도록 고소하게 볶아 우유 2/3컵을 넣어 멍울 지지 않도록 잘 풀어준 다음 소금과 후춧가루로 간한다.

❸ 오븐용기에 토마토소스를 얇게 깔고 화이트소스를 얹는다.

적당한 오븐 용기가 없다면 은박지로 된 일회용 도시락을 사용해도 좋아요

❹ 이어서 라자냐 올리기를 반복하여 마지막에 모차렐라 치즈를 뿌린다.

❺ 200℃로 예열한 오븐에서 10분 정도 구워 파르메산 치즈와 파슬리가루를 뿌린다.

마늘빵

◆◇◆◇◆◇◆◇◆◇◆

2인분
요리 시간 20분

주재료
바게트 1/2개

마늘 버터 재료
버터 4
다진 마늘 2
다진 파슬리 1
설탕 0.5
오레가노 약간

Cooking Tip
바게트의 양에 따라 오븐에서
굽는 시간을 줄이거나
늘이세요.
오레가노는 꽃은 흰색이나
분홍색으로 식용이 가능한
허브예요. 잎은 감촉이
부드러워 샐러드와 파스타에
주로 사용해요. 그러나
오레가노를 너무 많이 넣으면
요리 본연의 맛과 향을 잃을 수
있으니 적당히 넣으세요.

버터는
실온에 미리 꺼내 두어
부드럽게 하여 나머지
재료와 섞으세요

❶ 바게트는 1cm 두께로
어슷하게 자른다.

❷ 버터 4, 다진 마늘 2,
다진 파슬리 1,
설탕 0.5, 오레가노
약간을 섞는다.

❸ 바게트 한 면에
마늘 버터를 고루
바른다.

❹ 200℃로 예열한
오븐에서 8~10분 정도
굽는다.

◆◇◆◇◆◇◆◇◆◇◆◇◆◇

2인분
요리 시간 10분

재료
피망 1/4개
블랙 올리브 2개
토르티야 2장
토마토소스 1/4컵
다진 양파 2
옥수수(통조림) 2
모차렐라 치즈 1/2컵
소금 · 후춧가루 약간씩
식용유 약간

토르티야 피자

Snack

❶ 피망은 옥수수알 크기로 썰고 블랙 올리브는 슬라이스한다.

❷ 토르티야에 토마토 소스를 골고루 바르고 피망, 블랙 올리브, 다진 양파, 옥수수를 고루 올리고 모차렐라 치즈를 뿌린다.

❸ 오븐팬에 토르티야를 얹고 230℃로 예열한 오븐에서 7분 정도 굽는다.

147

바게트 피자

오븐이 있으면 가장 손쉽게 해 먹을 수 있는 요리는 피자예요. 발효시킨 밀가루
도우, 얇은 토르티야, 바게트, 식빵, 떡 등을 도우로 활용할 수 있으니 참으로 다양한
피자를 만들 수 있어요. 도우는 말랑말랑하고 피자는 노릇노릇하면서 흘러내리니
어떤 조리 도구도 이렇게 피자의 맛을 제대로 살릴 수 없을 거예요.

2인분	주재료	토마토소스 1/4컵	토마토소스 재료
요리 시간 30분	바게트 1/2개	가래떡 1컵	토마토(통조림) 1개
	방울토마토 4개	모차렐라 치즈 1컵	올리브오일 2
	새송이버섯 1개		다진 마늘 2
대체 식재료	피망 1/2개	**쇠고기 양념 재료**	다진 양파 1/2개분
오레가노 ▶ 바질	양파 1/4개	간장 1	오레가노 약간
	청양고추 1개	설탕 0.3	설탕 약간
	식용유 약간	다진 파 1	소금 · 후춧가루 약간씩
	소금 · 후춧가루 약간씩	다진 마늘 0.5	
	다진 쇠고기 100g	후춧가루 약간	

❶ 토마토소스를 만든다. 토마토는 손으로 대충 으깨고 냄비에 올리브오일 2를 두르고 다진 마늘 2와 다진 양파 1/2개분을 넣어 중간 불에 5분 정도 볶는다.

오레가노는 없으면 생략해도 돼요

❷ 으깬 토마토를 넣어 센 불에서 끓여 끓기 시작하면 은근한 불로 10분 정도 졸여서 오레가노와 설탕을 약간씩 넣고 소금과 후춧가루를 넣어 간을 맞춘다.

❸ 바게트는 반을 갈라 ②의 토마토소스를 골고루 바른다.

❹ 방울토마토는 반으로 썬다. 새송이버섯과 피망, 양파는 굵게 다지고 청양고추는 송송 썰어 팬에 식용유를 두르고 볶아서 소금과 후춧가루로 간을 한다.

❺ 쇠고기는 간장 1, 설탕 0.3, 다진 파 1, 다진 마늘 0.5, 후춧가루 약간으로 조물조물 양념하여 팬에 볶아서 식힌다.

❻ 오븐팬에 종이포일을 깔고 소스를 바른 바게트와 가래떡에 쇠고기와 방울토마토, 볶은 버섯과 채소를 골고루 얹고 모차렐라 치즈를 올려 200℃로 예열한 오븐에서 7~8분 정도 굽는다.

바게트 채소파이

2인분
요리 시간 20분

재료
바게트 1/2개
양파 1/4개
피망 1/4개
풋고추 1개
식용유 약간
베이크트빈(통조림) 1/2컵
토마토케첩 3
모차렐라 치즈 1/2컵
소금 · 후춧가루 약간씩

Cooking Tip
바게트의 속을 파내고 남은
빵은 브레드 푸딩을 만들어
먹거나 빵가루를 만드세요.

❶ 바게트는 반으로
잘라 속을 파낸다.

❷ 양파와 피망,
풋고추는 굵게 다진다.

❸ 팬에 식용유를
두르고 양파와 피망,
풋고추를 넣어 볶다가
베이크트빈을 넣어
5분 정도 더 볶아
토마토케첩을 넣고
소금과 후춧가루로 간을
한다.

❹ 바게트에 볶은 채소를
채우고 모차렐라 치즈를
뿌린 다음 200℃의
오븐에서 5~7분 정도
굽는다.

◆◇◆◇◆◇◆◇◆◇◆

2인분
요리 시간 25분

주재료
식빵 4장
슬라이스 햄 2장
슬라이스 치즈 2장
모차렐라 치즈 1/2컵
달걀 1개
소금 · 후춧가루 약간씩
식용유 약간

화이트소스 재료
양파 1/4개
버터 1
밀가루 1.5
우유 1컵
소금 · 후춧가루 약간씩

Cooking Tip
크로크무슈는 햄을 넣은
샌드위치에 치즈를 구어 얹은
것을 말하는데, '바삭한'을 뜻하는
크로크와 '아저씨'를 뜻하는 무슈를
합친 말이에요. 광산에서 광부들이
식어서 굳은 샌드위치를 난로에
올려 익혀서 먹는 것에서 유래한
샌드위치예요. 크로크마담은
크로크무슈에 달걀프라이를 얹은
요리로, 그 모양이 마담이 쓰는
모자와 비슷하다 하여 크로크마담
으로 불리게 됐다고 해요.

크로크무슈&
크로크마담

❶ 화이트소스의 양파는
채 썬다.

❷ 냄비에 버터 1을
두르고 채 썬 양파와
밀가루 1.5를 넣어
은근한 불에서 색이
나지 않도록 고소하게
볶다가 우유 1컵을 넣어
멍울 지지 않도록 잘
풀어 소금과 후춧가루로
간을 한다.

❸ 식빵에 슬라이스
햄과 모차렐라 치즈를
얹고 식빵을 올리고
화이트소스를 골고루
바른 다음 다시
모차렐라 치즈를 올려
220℃의 오븐에서 5~7분
정도 굽는다.

❹ 달걀은 프라이하여
크로크마담에 얹는다.

151

호두 쇠고기 햄버거 샌드위치

햄버거는 빵 사이에 고기 패티와 채소를 넣어 먹는 요리죠. 미국의 햄버거 전문점에서는 고기 패티를 넣지 않은 베지테리언 햄버거부터 고기 패티를 두 장, 또는 세 장을 넣은 빅 햄버거, 빵 없이 패티와 채소로만 만드는 노 브레드 햄버거도 있다고 들었어요. 재료의 구성에 따라 맛도 모양도 다른 개성 넘치는 햄버거 샌드위치를 만들 수 있어요. 빵도 패티도 입맛에 따라 골라 나만의 샌드위치를 만들어보세요.

Cooking Tip

핫도그빵 대신 햄버거빵으로 만들 때에는 쇠고기 모양을 빵 모양에 맞게 만드세요

◆◇

2인분	주재료	쇠고기 양념 재료	대체 식재료
요리 시간 35분	양상추 2장	양파 1/8개	핫도그빵 ▶ 햄버거빵
	토마토 1/2개	간장 2	양상추 ▶ 상추, 양배추
	다진 쇠고기 150g	설탕 1	
	다진 호두 1	다진 마늘 0.5	
	빵가루 2	참기름 0.5	
	핫도그빵 2개	청주 1	
	머스터드 2	후춧가루 약간	
	소금 · 후춧가루 약간씩		

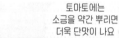

토마토에는
소금을 약간 뿌리면
더욱 단맛이 나요

❶ 양파는 곱게 다지고
양상추는 씻어 먹기
좋게 자르고 토마토는
슬라이스한다.

❷ 쇠고기에 다진 양파와
간장 2, 설탕 1, 다진 마늘 0.5,
참기름 0.5, 청주 1, 후춧가루
약간을 넣어 조물조물 버무려
다진 호두 1과 빵가루 2를
섞는다.

❸ 양념한 쇠고기를 핫도그빵
모양으로 길쭉하게 빚는다.
오븐팬에 종이포일이나
쿠킹포일을 깔고 석쇠를 얹어
쇠고기를 올리고 220℃의
오븐에서 10분 정도 굽는다.

양상추는
씻어 키친타월에
얹어 물기를 완전히
빼야 샌드위치가
눅눅해지지
않아요

❹ 핫도그빵에 머스터드를
바르고 양상추, 구운 쇠고기,
토마토를 넣어 샌드위치를
만든다.

데리야키 소스의 치킨버거

◆◇◆◇◆◇◆◇◆◇◆◇

2인분
요리 시간 30분

재료
닭 가슴살 1조각
데리야키 소스 3
양상추 2장
토마토 1/2개
양파 1/4개
햄버거빵 2개
마요네즈 2
슬라이스 치즈 2장

대체 식재료
데리야키 소스 ▶ 불고기 양념

Cooking Tip
닭 가슴살은 양념에 오래
재우면 수분이 빠져 질기고
맛이 없어요.

❶ 닭 가슴살은 얇게
저며 데리야키 소스 2에
10분 정도 재운다.

❷ 양상추는 씻어 먹기
좋은 크기로 자르고
토마토와 양파는
슬라이스한다.

❸ 오븐팬에 석쇠를
얹고 닭 가슴살을 올려
200℃의 오븐에서 10분
정도 굽는다.

❹ 햄버거빵에
마요네즈를 바르고
양상추와 토마토, 닭
가슴살과 양파를 얹고
남은 데리야키 소스 1을
뿌리고 슬라이스 치즈를
올린다.

2인분
요리 시간 30분

주재료
돼지고기(등심) 2조각
빵가루 1컵
식용유 4
밀가루 1/4컵
달걀 1개
돈가스 소스 1/4컵
식빵 4장

돼지고기 밑간 재료
소금 · 후춧가루 약간씩

대체 식재료
돼지고기 등심 ▶
돼지고기 안심, 닭 가슴살

Cooking Tip
마른 빵가루를 사용한다면
스프레이로 물기를 약간
뿌려 손으로 비벼 사용하면
부드러운 튀김을 만들 수
있어요.

돈가스
샌드위치

❶ 돼지고기는 등심으로
두툼하게 준비하여
소금과 후춧가루
약간씩을 뿌려 밑간하고
빵가루에 식용유를 섞어
촉촉하게 준비한다.

❷ 밑간한 돼지고기에
밀가루, 달걀물,
빵가루를 골고루 입혀
빵가루가 떨어지지
않도록 꼭꼭 누른다.

❸ 오븐팬에
종이포일이나
쿠킹포일을 깔고
석쇠를 얹고 돈가스를
올린 다음 180℃로
예열한 오븐에서 15분
정도 굽는다.

❹ 식빵에 돈가스 소스를
골고루 뿌리고 돈가스를
올려 다시 돈가스 소스를
뿌린 다음 식빵으로 덮어
먹기 좋은 크기로 썬다.

자반고등어 샌드위치

◆◇◆◇◆◇◆◇◆◇◆

2인분
요리 시간 25분

주재료
자반고등어 1마리
맛술 1
양파 1/4개
토마토 1/2개
양상추 2장
바게트 1/2개
다진 오이 피클 1

스프레드 재료
고추장 2
매실청 1
마늘가루 0.3

Cooking Tip
양상추는 칼로 썰면
영양소도 파괴되고 자른
단면의 색도 변하기
쉬우니 손으로 뜯으세요.

그릴 기능이
없는 오븐에서는
250℃에서 10분
정도 구워요

스프레드 하고
남은 소스는 고등어
위에 뿌리세요

❶ 자반고등어는
손질하여 맛술 1을 뿌려
오븐의 그릴 기능에서
10분 정도 굽는다.

❷ 양파는 곱게 채 썰어
찬물에 담갔다 물기를
빼고 토마토는 모양대로
슬라이스한다.

❸ 양상추는 깨끗이
씻어서 한 입 크기로
손으로 뜯는다.

❹ 바게트는 모양대로
반으로 길쭉하게 잘라서
고추장 2, 매실청 1, 마늘가루
0.3을 섞어서 골고루 바른
다음 구운 고등어를 얹고
손질한 채소와 다진 오이
피클을 올린 다음 바게트로
덮어 먹기 좋은 크기로 썬다.

2인분
요리 시간 10분

재료
토마토 1개
소금 · 후춧가루 약간씩
모차렐라 치즈(덩어리) 100g
식빵 2개
바질 페스토 2

Cooking Tip
바질 페스토는 믹서에 바질과
잣, 마늘, 올리브오일을
갈아서 소금과 후춧가루로
간을 한 것이에요. 바질
페스토가 없다면 토마토
소스나 머스터드를 발라서
구우세요.

토마토 치즈 샌드위치

❶ 토마토는
슬라이스하여
키친타월에 얹어 소금과
후춧가루로 간을 한다.

❷ 모차렐라 치즈는
토마토 크기로 썬다.

❸ 식빵에 바질
페스토를 펴 바르고
토마토와 모차렐라
치즈를 번갈아 올린다.

❹ 200℃로 예열한
오븐에서 5분 정도
굽는다.

157

두 가지 맛 고로케

크로켓이 일본에 건너가면서 맛도 모양도 변하고 이름도 변하게 되었어요.
감자와 고구마를 으깨어 옷을 입혀 튀긴 이 요리도 크로켓인데
고로케라 불러야 더 맛있을 것 같은 생각이 드는 건 왜 일까요?
아마도 일본을 거쳐 우리나라에 소개되었기 때문이겠죠.

Cooking Tip
감자와 고구마는 각각
으깨어 양념하여 크로켓을
만들어도 되지만 섞어서
양념하여 만들어도 되니
취향껏 조리하세요

◆◇◆◇◆◇◆◇◆◇◆◇◆◇◆◇◆◇◆◇◆◇◆◇◆◇◆◇◆◇◆◇◆◇◆◇

2인분
요리 시간 40분

재료
감자 1개
고구마 1개
버터 1
파슬리가루 0.3
소금 약간
롤치즈 1줄

빵가루 1컵
식용유 3
밀가루 1/4컵
달걀 1개

대체 식재료
롤치즈 ▶ 슬라이스 치즈

❶ 감자와 고구마는 껍질째
물에 씻어서 오븐에서
25~30분 정도 구워 완전히
익으면 껍질을 벗기고 곱게
으깬다.

❷ 으깬 감자와 고구마에
버터 1, 파슬리가루 0.3,
소금 약간을 반씩 나누어
각각 섞는다.

❸ 롤치즈는 1cm 길이로
자른다.

❹ 빵가루에 식용유 3을 넣어
골고루 섞는다.

❺ 감자와 고구마에
롤 치즈를 넣고 동그랗게
빚어 밀가루, 달걀물, 빵가루
순으로 골고루 입힌다.

❻ 230℃로 예열한 오븐에서
15분 정도 굽는다.

159

퀘사디아

◆◇◆◇◆◇◆◇◆◇◆

2인분
요리 시간 20분

재료
닭고기(안심) 2조각
양파 1/6개
파프리카 1/4개
토마토 1/2개
식용유 약간
소금 · 후춧가루 약간씩
토르티야 2장
모차렐라 치즈 1/2컵

대체 식재료
닭고기 안심 ▶ 새우살, 오징어

Cooking Tip
토르티야는 냉동실에
보관하고 완전히 해동이
되었을 때 한 장씩 떼어내야
부스러지지 않아요.
지퍼팩에 넣어 냉동실의
평평한 곳에 보관해야 모양을
그대로 살릴 수 있어요.

❶ 닭고기는 안심으로
준비하여 1cm 크기로
썰고 양파와 파프리카,
토마토도 1cm 크기로
썬다.

❷ 팬에 식용유를
살짝 두르고 닭고기를
볶다가 거의 익으면
양파와 파프리카를 넣고
살짝 볶은 다음 소금과
후춧가루로 간을 하고
토마토를 넣어 뒤적이다
바로 불을 끈다.

❸ 토르티야에 닭고기,
채소를 올리고 모차렐라
치즈를 고루 뿌려서
반으로 접는다.

❹ 220℃로 예열한
오븐에서 5분 정도
굽는다

◆◇◆◇◆◇◆◇◆◇◆◇◆◇◆◇◆◇◇◆◇◆◇

1인분
요리 시간 20분

재료
식빵(3cm 두께) 1조각
버터 3
메이플 시럽 2
생크림 1/2컵
분설탕 약간
아몬드 슬라이스 약간

대체 식재료
메이플 시럽 ▶ 꿀, 올리고당

Cooking Tip
허니 브레드는 통식빵을
구입하여 적당한 두께로 잘라
사용하세요. 통식빵이 없다면
모닝빵이나 잉글리시 머핀을
사용해도 좋아요.

허니 브레드

❶ 식빵에 가로와
세로로 칼집을 넣는다.

❷ 버터는
전자레인지에서 20초
정도 돌려 녹이고
메이플 시럽을 넣어
섞는다.

❸ 식빵에 ②를 골고루
바르고 180℃로 예열한
오븐에서 5~7분 정도
노릇노릇하게 굽는다.

❹ 생크림을 거품
내어 올리고 분설탕과
슬라이스한 아몬드를
뿌린다.

프렌치토스트

◆◇◆◇◆◇◆◇◆◇◆

1인분
요리 시간 25분

재료
식빵(3cm 두께) 1조각
바나나 1개
달걀 1개
우유 1/4컵
설탕 1
소금 약간
콘플레이크 1컵

대체 식재료
바나나 ▶ 치즈

Cooking Tip
콘플레이크는 비닐봉지에 넣어 약간만 부스러뜨리면 식빵에 더 잘 붙어요.

❶ 식빵은 가운데에 칼집을 넣어 주머니처럼 만들고 바나나는 납작하게 썰어 식빵 속에 집어넣는다.

❷ 달걀과 우유를 골고루 섞은 후 설탕을 넣어 섞고 소금으로 간을 한다.

❸ 식빵에 ②의 달걀 우유물을 골고루 묻힌 다음 앞뒤로 콘플레이크를 묻힌다.

❹ 180℃로 예열한 오븐에서 8~10분 정도 노릇노릇하게 굽는다.

2인분
요리 시간 30분

재료
바나나 1개
모차렐라 치즈 1/2컵
메이플 시럽 3
식용유 약간

팬케이크 반죽 재료
우유 1컵
달걀 1개
팬케이크 가루 1컵
녹인 버터 2
설탕 1

대체 식재료
메이플 시럽 ▶ 꿀, 조청, 잼

바움쿠헨 토스트

Snack

❶ 바나나는 껍질을 벗기고 사각 팬의 크기에 맞게 자른다.

❷ 팬케이크 반죽을 만든다. 우유에 달걀을 넣어 섞은 다음 팬케이크 가루, 녹인 버터, 설탕을 넣어 골고루 섞는다.

❸ 사각팬에 팬케이크 반죽을 붓고 바나나를 얹은 다음 달걀말이 하듯 돌돌 말아 부쳐 바움쿠헨처럼 만든다.

❹ 팬케이크 반죽을 큼직하게 썰어 모차렐라 치즈를 뿌려 예열한 200도의 오븐에서 7~8분 구운 다음 메이플 시럽을 뿌린다.

에그
토스트

2인분
요리 시간 30분

재료
베이컨 8장
버터 2
식빵 4조각
달걀 4개
파르메산 치즈 2
소금 · 후춧가루 약간씩
실파 약간

Cooking Tip
달걀은 익히는 정도에 따라서
요리 시간을 조절해 주세요.

❶ 팬에 베이컨을
넣고 앞뒤로 살짝 구워
기름을 뺀다.

❷ 버터는 실온에
두었다가 부드러워지면
식빵의 한 면에 골고루
바른다.

❸ 식빵에 베이컨을
얹고 달걀을 한 개씩
깨어 얹은 다음
파르메산 치즈를
골고루 뿌린다.

❹ 예열한 200도의
오븐에서 12~15분간
구워 실파를 송송 썰어
뿌린다.

2인분
요리 시간 30분

주재료
견과류(땅콩, 아몬드 등)
1/4컵
식빵 껍질 4장분
설탕 3
계핏가루 1

버터 설탕물 재료
버터 3
설탕 1

대체 식재료
견과류 ▶ 검은깨, 통깨

Cooking Tip
샌드위치를 만들고 나서
식빵 가장자리를 버리지
말고 견과류 러스크를 해
먹으면 좋아요. 식빵 대신
스펀지 케이크를 활용해도
됩니다.

식빵 껍질
견과류
러스크

❶ 견과류는 땅콩,
아몬드 등으로 준비하여
잘게 다진다.

❷ 전자레인지에
버터 3을 넣고 30초
정도 정도 돌려 녹인
다음 설탕 1을 넣고 잘
섞는다.

❸ 식빵 껍질의 일부는
②의 버터 설탕물에 적셔
오븐팬에 종이포일이나
쿠킹포일을 깔고 올린
다음 설탕 3과 계핏가루
1을 섞어 뿌리고
견과류도 골고루 뿌린다.

❹ 180℃로 예열한
오븐에서 10~15분 정도
굽는다.

마늘 새우 크래커

◆◇◆◇◆◇◆◇◆◇◆

6인분
요리 시간 25분

재료
박력분 120g
소금 0.3
마늘가루 1
버터 3
잔새우 1/2컵
우유 1/4컵

대체 식재료
박력분 ▶ 중력분

Cooking Tip
잔새우가 눅눅할 때에는 팬에
기름을 두르지 않고 볶아서
사용하거나 200℃의 오븐에서
3~4분 정도 바삭하게 구우면
비린내가 나지 않아요.

❶ 박력분에 소금
0.3을 섞어 체에 친
다음 마늘가루 1을 넣어
섞는다.

❷ 버터 3은 실온에
두어 말랑말랑해지면
①에 넣어 보슬보슬한
상태가 되도록 손으로
비벼 섞는다.

❸ 잔새우를 넣어 섞고
우유를 부어 반죽하여
한 덩어리가 되면
길쭉한 막대 모양으로
만들어 랩을 씌워서
냉동고에서 굳힌다.

❹ 냉동한 반죽을
0.2~0.3cm 두께로
얇게 썰어 오븐팬에
종이포일이나
쿠킹포일을 깔고 간격을
띄워 올린 다음 170℃로
예열한 오븐에서 10분
정도 굽는다.

◆◇◆◇◆◇◆◇◆◇◆◇◇

2인분
요리 시간 20분

재료
옥수수(통조림) 2
양파 1/6개
당근 약간
풋고추 2개
새송이버섯 1/2개
식용유 약간
토마토케첩 1/4컵
칠리소스 1
소금·후춧가루 약간씩
해시 브라운 포테이토 4개
모차렐라 치즈 1/4컵
파슬리가루 약간

대체 식재료
칠리소스 ▶ 고추장

해시 브라운 치즈구이

해시 브라운 포테이토는 할인마트의 냉동 코너에서 구입할 수 있어요

❶ 양파, 당근, 풋고추, 새송이버섯은 옥수수 알 크기로 다진다.

❷ 팬에 식용유를 두르고 양파, 당근, 새송이버섯을 볶다가 토마토케첩과 칠리소스를 넣어 볶다가 풋고추와 옥수수를 넣고 살짝 더 볶아 소금과 후춧가루로 간을 한다.

❸ 오븐팬에 쿠킹포일이나 종이포일을 깔고 해시 브라운 포테이토를 올린다.

❹ 해시 브라운 포테이토에 ②의 재료를 얹고 모차렐라 치즈를 뿌려 180℃의 오븐에서 8~10분 정도 구워 파슬리가루를 뿌린다.

167

포테이토 스킨

2인분
요리 시간 40분

재료
감자 2개
베이컨 2줄
양파 1/6개
소금 · 후춧가루 약간씩
슬라이스 치즈 2장
파슬리가루 약간
사워크림 1/4컵

대체 식재료
사워크림 ▶ 플레인 요구르트

❶ 감자는 물에 씻어 반으로 잘라 200℃의 오븐에서 25~30분 정도 구워 익으면 속을 파내어 으깬다.

❷ 베이컨과 양파는 다져 팬에 볶아서 소금과 후춧가루로 간을 한다.

❸ 으깬 감자에 베이컨과 양파를 넣어 섞은 다음 속을 파낸 감자에 채운다.

❹ 슬라이스 치즈는 껍질째 칼집을 작게 내어 감자 위에 골고루 뿌려 200℃의 오븐에서 10분 정도 구워 파슬리가루를 약간 뿌리고 사워크림을 곁들인다.

◆◇◆◇◆◇◆◇◆◇◆◇◇

2인분
요리 시간 10분

재료
옥수수(통조림) 1개
파프리카 1/4개
마요네즈 2
소금 · 후춧가루 약간씩
모차렐라 치즈 1/4컵

대체 식재료
파프리카 ▶ 토마토

Cooking Tip
통조림이 아닌 일반
옥수수를 사용할 때에는
소금을 넣은 끓는 물에
삶아 알을 떼어내어
사용하세요. 건포도,
크랜베리, 블루베리와
같은 말린 과일을 섞어도
좋아요.

콘 치즈

Snack

❶ 옥수수는 체에
밭쳐 물기를 제거하고
파프리카는 옥수수알
크기로 썬다.

❷ 옥수수와 파프리카를
섞어서 마요네즈 2,
소금과 후춧가루
약간씩으로 간을 한다.

❸ 오븐용기에 옥수수,
파프리카를 담고
모차렐라 치즈를 뿌려
200℃의 오븐에서 5~7분
정도 굽는다.

169

치즈
케사디야

2인분
요리 시간 30분

재료
멕시칸 치즈(체다, 고다 등이
섞여진 치즈) 200g
닭 가슴살 1조각
양파 1/2개
피망 1/2개
올리브오일 2
소금 · 후춧가루 약간

Cooking Tip
케사디야는 치즈를 의미하는
스페인어 케소(queso)에서
파생되었어요. 밀가루나
옥수수로 만든 토르티야에
치즈와 다른 재료를 넣어
채운 후 반으로 접어 먹는
요리로 토르티야 대신 치즈로
만들었어요.

❶ 멕치칸 치즈는
오븐팬에 포일이나
오븐용 페이퍼를 깔고
넓게 펼쳐 예열된
200도의 오븐에서 8분
정도 굽는다.

❷ 닭 가슴살은 끓는
물에 10분 정도 삶아서
건져 손으로 찢고
양파와 피망을 채 썬다.

❸ 팬에 올리브오일을
두르고 양파와 피망을
중간 불에서 1분 정도
볶아 소금, 후춧가루로
간을 하고 닭 가슴살을
넣어 섞는다.

❹ 구운 치즈에 볶은
재료를 얹어 접어서
예열된 200도의
오븐에서 2분 정도
굽는다.

라타투이

2인분
요리 시간 30분(굽는 시간
제외)

재료
가지 1개
주키니호박 1/3개
노란 주키니 1/2개
토마토 1개
소금 · 후춧가루 약간씩
바질 · 올리브오일 적당량

소스 재료
다진 마늘 1
양파 1/4개
파프리카 1/4개
토마토소스 1컵
올리브오일 · 바질 약간씩

Cooking Tip
가지, 호박 외에
새송이버섯이나 표고버섯
등의 채소를 넣어도 좋아요.

빵이나 파스타에
곁들여 먹어요.

❶ 가지, 주키니호박,
노란 주키니는 동그랗게
썰고 토마토는 반으로
썰어 일정한 두께로
썰어 소금, 후춧가루를
뿌린다.

❷ 양파, 파프리카는
다지고 팬에
올리브오일을 두르고
다진 마늘, 양파,
파프리카를 넣어 볶다가
토마토소스를 넣어
끓이고 바질을 넣는다.

❸ 오븐팬에 소스를
넣고 가지, 주키니호박,
노란 주키니, 토마토를
돌려 담는다.

❹ 올리브오일을 골고루
뿌리고 예열된 오븐
180도에서 40분간
굽는다.

171

3

쉬운
베이킹

오븐 요리 하면 베이킹 레시피가 많이 알려져 있죠. 철따라 등장하는 베이킹 레시피북도 정말 많아서 뭘 골라서 따라 해야 할지 모를 정도입니다. 쉬운 베이킹이라는 이름처럼 Part 3에서는 우리집에 늘 있는 간단한 베이킹 재료와 도구, 가정용 오븐으로 만들 수 있는 간단하고 맛있는 베이킹 레시피를 소개합니다.

Cookie

코코넛 쿠키

◆◇◆◇◆◇◆◇◆◇◆

30~35개
요리 시간 30분

재료
버터 140g
설탕 100g
소금 2g
달걀 60g
바닐라 에센스 1g
박력분 200g
롱 코코넛 70g

Cooking Tip
코코넛을 넣고 나서 너무 오래
반죽하면 코코넛이 부스러져
쿠키 모양이 밋밋해져요.

❶ 버터는 미리 실온에 꺼내두어 부드럽게 하여 설탕과 소금을 넣고 섞는다.

❷ ①에 달걀을 조금씩 나눠 넣으면서 크림 상태로 만든 다음 바닐라 에센스를 넣는다.

❸ ②에 박력분을 체에 쳐 넣어 섞고 롱 코코넛을 넣는다.

❹ 오븐팬에 반죽을 작은 숟가락으로 일정하게 떠 얹어 170℃로 예열한 오븐에서 10~15분 정도 굽는다.

◆◇◆◇◆◇◆◇◆◇◆◇◇

25~30개
요리 시간 35분

재료
버터 130g
땅콩버터 20g
슈거 파우더 65g
달걀 1/2개
생크림 35g
박력분 180g

Cooking Tip
버터가 충분히
부드러워지지 않으면
짤주머니에 넣어 짜기
힘들어지니 충분히
부드럽게 하여 땅콩버터와
슈거 파우더를 섞으세요.

땅콩 버터링
쿠키

❶ 버터는 미리 실온에
꺼내두어 부드럽게
하여 땅콩버터를 넣어
골고루 섞은 다음 슈거
파우더를 넣고 부드럽게
섞는다.

❷ 달걀은 풀어서
버터가 분리되지 않도록
①에 2~3번에 나누어
넣으며 크림화시켜
생크림을 조금씩 넣으며
섞는다.

❸ ②에 박력분은 체에
쳐 넣고 골고루 섞는다.

❹ 짤주머니에 별 모양
깍지를 끼우고 반죽을
채워 오븐팬에 모양을
내어 짜고 170℃로
예열한 오븐에서
15~20분 정도 굽는다.

호두 초코칩 쿠키

25~30개
요리 시간 30분

재료
버터 80g
황설탕 80g
달걀 1개
박력분 180g
베이킹파우더 1/2작은술
베이킹소다 1/2작은술
소금 1g
초콜릿 80g
호두 50g

Cooking Tip
초코칩 쿠키는 손으로
비슷한 크기로 떼어 굽거나
숟가락으로 일정하게 떠 넣어
구우면 돼요. 오븐에 따라서
170~190℃로 굽기도 하는데,
색이 나는 것을 확인하면서
온도나 시간을 조절하세요.

❶ 버터는 미리 실온에
꺼내두어 부드러워지면
황설탕을 2~3회 나누어
넣으며 섞는다.

❷ ①에 달걀을 넣어 잘
섞는다.

❸ ②에 박력분,
베이킹파우더,
베이킹소다, 소금을
체에 쳐서 넣어 섞은
다음 초콜릿과 호두를
넣어 섞는다.

❹ 오븐팬에 적당한
크기로 올려 170℃의
오븐에서 15~20분 정도
굽는다.

머랭 쿠키

15~20개
요리 시간 30분

재료
달걀흰자 2개분
소금 1g
녹말가루 1작은술(5g)
설탕 2/3컵
식용색소 적당량

Cooking Tip
달걀흰자에 설탕을 넣고
거품을 올릴 때에는 천천히
해야 분리되지 않아요.
이때 핸드믹서로 너무 세게
거품을 올리면 거품이
거칠어지면서 분리되어
머랭 쿠키를 만들기
어려워져요.

❶ 볼에 달걀흰자와
소금, 녹말가루를
넣고 휘퍼로 저어 크림
상태의 거품을 만든다.

❷ 설탕을 조금씩
나눠 넣으면서 계속
저어 머랭을 만든 다음
식용색소를 섞는다.

❸ 짤주머니에 별
모양의 깍지를 끼우고
머랭을 채운 다음
오븐팬에 간격을 두고
짠다.

❹ 130℃로 예열한
오븐에서 30~40분 정도
구워 식힘망에 올려
식힌다.

동물 모양 쿠키

쿠키는 반죽에 따라 손이나 숟가락으로 떠서 굽기도 하고 짤주머니에 넣어 짜기도
하고 모양을 만들어 냉동해 두었다가 잘라서 굽기도 하고 방망이로 밀어서
모양틀로 찍어서 굽기도 해요. 동물 모양 쿠키는 반죽을 냉동실에 보관해 두었다가
언제든 밀어서 예쁜 모양의 쿠키를 만들 수 있어요. 이니셜을 쓰거나 다양한
색상으로 장식도 할 수 있으니 선물하기 좋은 쿠키예요.

Cooking Tip

오븐에 쿠킹팬을 두 개씩 넣을
때에는 시간을 5분 정도 추가하여
굽고 10분 정도 지나면 윗단의
쿠킹팬과 아랫단의 쿠킹팬을
바꾸어주면 골고루
색을 낼 수 있어요

25~30개
요리 시간 30분

재료
버터 140g
슈거 파우더 120g
달걀 1개
박력분 300g
베이킹파우더 1g

❶ 버터와 슈거 파우더를
섞은 다음 달걀을 조금씩 나눠
넣어가며 섞는다.

❷ 박력분과 베이킹파우더는
체에 쳐서 ①에 넣어 섞어
냉장고에서 3~4시간 정도
휴지시킨다.

두께나 크기
차이가 나면 골고루
익지 않으니 비슷한
크기의 쿠키틀을
사용하세요

❸ 반죽을 밀대로 균일한
두께로 밀어 동물 모양
쿠키틀로 찍는다.

❹ 180℃로 예열한
오븐에서 10~15분 정도
구워 완성한다.

버터 바

최고의 발명품은 우연히 탄생하는 일이 많아요. 키친에서도 실패하여 만들어지는 특별한 음식들이 있어요. 대공황 시대로 불리는 1930년대, 미국 세인트루이스에 사는 한 독일인 베이커가 케이크 반죽을 만들다 실수로 버터를 너무 많이 넣었던 것이 버터 바의 기원이 되었다고 합니다. 쫀득한 맛이 특징인 버터 바는 구워서 잘 포장해 두었다가 먹으면 더 맛있어요.

◆◇◆◇◆◇◆◇◆◇◆◇◆◇◆◇◆◇◆◇◆◇◆◇◆◇◆◇◆◇◆◇◆◇◆◇◆◇◆

20인분
요리 시간 40분(굽는 시간 제외)

쿠키 시트 재료
버터 120g
설탕 40g
소금 2g
물엿 40g
박력분 160g
아몬드가루 50g

버터 바 반죽 재료
버터 300g
황설탕 300g
소금 4g
달걀 2개
중력분 230g
물엿 80g
우유(또는 생크림) 50g

❶ 쿠키 시트 반죽을 한다. 버터를 부드럽게 한 후 설탕, 소금, 물엿을 넣어 부드럽게 섞는다.

❷ 박력분과 아몬드가루를 넣어 가르듯이 섞어준 후 부드러워지게 섞은 후 팬에 반죽을 고르게 펴준다.

❸ 예열된 180도의 오븐에서 20분간 아랫단에서 굽는다.

❹ 버터 바 반죽을 한다. 버터를 부드럽게 만든 후 황설탕과 소금을 나누어 부드럽게 섞는다.

❺ 달걀을 풀어서 조금씩 넣어 주며 섞은 후 중력분과 우유를 넣어 가르듯이 섞다가 날가루가 보이지 않도록 잘 섞는다.

식힌 후 틀에서 버터 바를 꺼내고 적당한 크기로 썬다.

❻ 식힌 쿠키 시트에 반죽을 고르게 펴준 후 예열된 170도의 오븐에서 50~60분간 굽는다.

바질 스콘

스콘은
스코틀랜드에서
기원한 영국식 소형
퀵 브레드입니다.
초창기 스콘은
납작하고 둥그스름한
모양이었지만
베이킹파우더가
대중화되면서 팽창한
여러 가지 모양의
스콘이 만들어지기
시작했어요.
오후에 마시는
애프터눈 티에
빠지지 않는 스콘은
딸기잼이나
클로티드 크림 등을
곁들여서 먹기도
해요.

182

8인분
요리 시간 40분

재료(12개 분량)
버터 160g
박력분 400g
베이킹파우더 4g
설탕 60g
소금 4g
달걀 1개

생크림 220g
그라나 파다노 치즈 10g
바질 페스토 20g
숙성 치즈(에멘탈, 고다, 체다 등) 100g
생크림 약간

Cooking Tip
12개를 한꺼번에 구울 때에는 오븐팬 2개에 나누어 담고 180도에서 20분간 구운 후 윗단과 아랫단을 바꾼 후 5분간 더 구워주면 골고루 색이 나요

❶ 버터는 작게 잘라서 냉장고에 차게 보관하고 박력분과 베이킹파우더는 체에 친다. 달걀, 생크림을 섞어서 냉장고에 차게 보관한다.

❷ 숙성 치즈는 굵게 다지고 바질 페스토를 준비한다.

❸ 푸드 프로세서에 박력분과 버터, 그라나 파다노 치즈를 넣어 섞은 후 설탕을 넣어 섞는다.

❹ 버터가 작게 잘라져 보슬보슬해지면 볼에 담아서 가운데 생크림과 달걀 섞을 것을 넣는다.

❺ 가루와 액체류가 대충 섞으면 숙성 치즈와 바질 페스토를 넣어 잘 섞는다.

❻ 반죽을 12개로 나누거나 대략 80g으로 분할해 생크림을 바르고 예열된 오븐에서 180도 25분간 굽는다.

감자 스콘

오븐 요리를 할 때에는 요리에 맞는 오븐용기를 잘 선택하면
요리가 달라집니다. 베이킹은 열전달이 빨라야 부풀어 오르고 색감이
노릇노릇하게 잘되기 때문에 내열강판이나 실리콘 등을 활용하는 것이
좋고요. 요리는 열전달이 천천히 되어야 타지 않고 속까지 잘 익기
때문에 내열유리나 주물, 돌솥 재질의 용기를 사용하는 것이 좋아요.

6인분
요리 시간 50분

재료
버터 65g
중력분 150g
베이킹파우더 7g
설탕 25g
마른 로즈메리 약간
후춧가루 · 파슬리 약간씩

우유 30g
달걀 70g
소금 1.5g
구워 먹는 치즈(또는 카망베
르 치즈) 30g
삶은 감자(체에 내린 것) 60g
삶은 감자(큐브 모양) 125g

대체 식재료
감자 ▶ 고구마, 단호박

❶ 버터는 깍둑썰기하여
냉장고에 차게 보관한다.

❷ 중력분에 베이킹파우더를
체에 쳐서 설탕, 마른
로즈메리, 후춧가루, 파슬리를
넣고 섞어서 냉장고에 10분
정도 보관한다.

❸ 감자는 껍질을 벗기고
잘라서 삶아 일부는 으깨어
체에 내리고 토핑용 감자는
물에 소금을 약간 넣고 익혀서
체에 거른다.

❹ 냉장고에 보관한 버터와
밀가루를 잘 섞어서 버터가
콩알만 한 크기가 되도록
섞는다.

❺ 치즈, 감자, 우유, 달걀,
소금을 풀어서 넣고 밀가루가
보이지 않도록 잘 섞은 후
80g씩 나누어 틀에 담는다.

❻ 달걀물을 골고루 바른 후
토핑용 감자를 올리고 예열된
170도의 오븐에서 25분 정도
굽는다.

기본 머핀

처음 머핀을 배우고 구울 때 오븐 문 앞을 떠나지 않고 구워지는 동안 계속
쳐다보고 있었어요. 머핀틀에 들어간 반죽이 시간이 지나자 점점 부풀어올라
머핀틀을 가득 채우더니 봉긋하게 올라오는 게 꼭 마술 같았거든요.
기본 머핀 반죽의 재료에 여러 가지 토핑 재료를 넣고 한 번의 반죽만으로
다양한 머핀을 만드는 마술을 부려보세요.

Cooking Tip

기본 머핀 반죽에 다진 대추,
호두, 초코칩, 여러 가지 견과류 등을
넣으면 다양한 머핀을 만들 수 있어요.
가루가 완전히 섞이기 전에 대추나 호두
등의 재료를 넣어야 골고루 섞여요.
머핀틀에 반죽을 채울 때에는 숟가락을
이용하거나 짤주머니에 넣어 짜고 틀의
70% 정도만 채우세요

6개
요리 시간 35분

재료
박력분 200g
베이킹파우더 2작은술
버터 160g
설탕 160g
달걀 2개
우유 4큰술

입맛에 맞는
갖가지 토핑
재료를 넣어도
좋아요

❶ 볼에 박력분과
베이킹파우더를 체에 쳐
넣는다.

❷ 버터와 설탕을 섞어
부드럽게 풀어준 다음
달걀을 조금씩 넣어가며
거품을 올린다.

❸ ②에 ①의 가루를
넣어 반죽한다.

❹ 머핀틀에 반죽을
70% 정도만 채우고
180℃로 예열한 오븐에서
20~25분 정도 굽는다.

장식용 토핑 크림

재료
크림치즈 100g
꿀 20g
레몬즙 10g
생크림 100g

❶ 크림치즈를
부드럽게 만들어
꿀과 레몬즙을 넣어
섞은 다음 생크림을
넣어 섞는다.

❷ 짤주머니에 넣어
머핀에 장식한다.

바나나 머핀

바나나는 머핀과 참 잘 어울리는 과일이에요.
바나나 껍질에 검은 반점들이 무수히 생겼을 때에는
바나나 머핀을 구워요. 바나나 향이 진하게 나면서
부드럽고 촉촉한 머핀을 뚝딱 만들 수 있어요.

Cooking Tip
머핀은 가느다란 나무
꼬치로 가운데를 찔러보아
묻어나오지 않으면 다 익은
것이에요

6개
요리 시간 35분

재료
버터 130g
호두 80g
바나나 100g(중간 크기 1개)
박력분 200g
옥수수가루 20g
베이킹파우더 8g

설탕 80g
황설탕 60g
달걀 1개
달걀노른자 1개분
우유 65g
플레인 요구르트 50g

❶ 버터는 미리 실온에 꺼내두어 부드럽게 하고 호두는 다지고 바나나는 토핑용은 얇고 동글게 썰고 나머지는 포크로 으깬다.

❷ 박력분과 옥수수가루, 베이킹파우더는 한데 섞어 체에 친다.

❸ 볼에 버터를 담고 설탕과 황설탕을 3~4회 나누어 넣으면서 거품기로 저어 부드럽게 크림화시킨다.

❹ 달걀과 달걀노른자를 섞어 ③에 조금씩 나누어 넣으면서 거품기로 젓는다.

❺ 체에 친 ③의 가루 재료를 조금만 넣고 고무주걱으로 섞다가 가루가 약간 남아 있는 상태에서 우유와 플레인 요구르트를 넣어 섞은 다음 다시 가루, 액체 순서로 번갈아가며 3~4회에 나누어 섞는다.

❻ 호두와 으깬 바나나를 넣고 가볍게 섞은 다음 머핀틀에 반죽을 70% 정도만 담고 약간의 호두와 바나나를 올려 180℃로 예열한 오븐에서 20분 정도 굽는다.

당근 머핀

◆◇◆◇◆◇◆◇◆◇◆

6개
요리 시간 45분

주재료
박력분 150g
베이킹파우더 1/2작은술
당근 120g
달걀 2개
흑설탕 70g
식용유 3큰술
호두 20g

치즈 필링 재료
크림치즈 60g
플레인 요구르트 1큰술
설탕 1큰술

대체 식재료
당근 ▶ 단호박, 고구마,
애호박

식용유는
올리브오일,
해바라기씨유,
카놀라유, 포도씨유
등을 사용하세요

머핀틀을 대신
파운드틀을
사용해도 좋아요

❶ 박력분과
베이킹파우더를
준비하고 당근은 곱게
채 썬다. 치즈 필링
재료인 크림치즈는
부드럽게 저어 플레인
요구르트와 설탕을 넣어
섞는다.

❷ 달걀은 거품을
내어 흑설탕을 두 번에
나누어 넣어 거품을
낸다.

❸ ②에 식용유를 나눠
넣어가며 섞은 다음
가루를 체어 쳐서 넣어
섞는다.

❹ ③에 호두와 당근을
넣어 가볍게 섞어
머핀틀에 반죽을 70%
정도 채운 다음 치즈
필링을 얹고 170℃로
예열한 오븐에서
20~25분 정도 굽는다.

오렌지 비스코티

4인분
요리 시간 50분

재료
오렌지 1/2개
박력분 200g
베이킹파우더 1작은술
설탕 1/2컵
아몬드 1/2컵
마른 과일(크랜베리,
건포도 등) 1/2컵
달걀 2개

Cooking Tip
두 번 굽는다는 뜻의
비스코티는 한 덩어리로
구워 자를 때 반죽이 식지
않으면 부스러지기 쉬우니
식힌 후 일정한 두께로
잘라 다시 구워주세요.

❶ 오렌지의 껍질을
곱게 다지고 과육은
즙을 낸다.

❷ 박력분에
베이킹파우더를 넣어
체에 친 다음 설탕,
아몬드, 마른 과일을
넣어 섞는다.

❸ 달걀을 넣어 섞어서
한 덩어리로 만들어 1cm
두께로 편 다음 예열된
160도의 오븐에서 15분
정도 굽는다.

❹ 구운 반죽을 완전히
식혀 일정한 두께로
썰어서 예열된 150도의
오븐에서 10분 정도
노릇노릇하게 굽는다

사과 꽃구이

2인분
요리 시간 30분

재료
사과 1개
설탕 · 소금 약간씩
춘권 4장
잼 2
슈거 파우더 약간

Cooking Tip
사과 꽃구이는 사과가
오븐에서 익으면서 달콤한
맛이 증가해요. 커피나
차와 함께 먹는 디저트로
활용하면 좋아요.

❶ 사과는 씻어서
껍질째 반으로 갈라
씨를 도려내고 일정한
두께로 가로로 썬다.
설탕과 소금을 약간씩
뿌려 두었다가 건져
물기를 뺀다.

❷ 춘권은 길게
3등분하여 절반에만
잼을 얇게 펴서 바른다.

❸ 춘권 절반에 사과를
겹쳐서 얹고 춘권을
접어 돌돌 만다.

❹ 춘권을 예열한
200도의 오븐에 넣어
10분 정도 구워 슈거
파우더를 뿌린다.

◆◇◆◇◆◇◆◇◆◇◆◇◆◇◆◇◆

미니 파운드 2개
또는 머핀컵 6개
요리 시간 45분

재료
박력분 120g
베이킹파우더 2작은술
계핏가루 1/4작은술
버터 100g
설탕 100g
소금 2g
달걀 2개
코코아가루 1큰술
찐 단호박 120g

Cooking Tip
버터를 부드럽게 하여
설탕을 넣어 완전히 섞은
후에 달걀을 조금씩 넣어야
분리가 일어나지 않아요.
머핀은 너무 크거나 높은
틀에 구우면 겉은 타고
속은 잘 익지 않을 수
있으니 일정한 크기로
구우세요.

단호박 마블 파운드케이크

bread

반죽을 담은
틀의 모양에 따라
굽는 시간이 달라질
수 있어요

❶ 박력분,
베이킹파우더,
계핏가루를 넣어 체에
친다.

❷ 버터와 설탕, 소금을
섞어 부드럽게 푼 다음
달걀을 조금씩 넣어가며
거품을 올리고 ①의
가루를 넣어 섞는다.

❸ 반죽을 반으로
나누어 하나에는
코코아가루를 넣어 섞고
나머지 반죽에는 찐
단호박을 넣어 섞는다.

❹ 코코아가루 반죽을
단호박 반죽에 넣어 섞어
마블 상태를 만들어 틀에
넣고 180℃로 예열한
오븐에서 25~30분 정도
굽는다.

킵펠

◆◇◆◇◆◇◆◇◆◇◆

2인분
요리 시간 40분

재료
버터 100g
설탕 40g
달걀노른자 1개
소금 약간
박력분 130g
아몬드가루 40g
덧밀가루 약간

Cooking Tip
구워서 식힌 킵펠에는 슈거
파우더를 뿌려주세요.

❶ 버터는 실온에 두어
부드럽게 만들어 설탕을
2~3회 나누어 넣는다.

❷ 달걀노른자와 소금을
넣어 섞는다.

❸ 박력분,
아몬드가루는 체에
내려 섞은 다음 반죽을
비닐에 넣어 냉장고에서
30분 정도 휴지시킨다.

❹ 휴지시킨 반죽은
덧밀가루를 약간 뿌리고
소뿔 모양으로 만들어
오븐팬에 얹고 예열된
180도에서 15~18분간
굽는다.

◆◇◆◇◆◇◆◇◆◇◆◇◆

사각틀 1개
요리 시간 40분

재료
다크 초콜릿 100g
버터 125g
흑설탕 150g
달걀 3개
박력분 50g
코코아가루 5큰술
베이킹파우더 1/4작은술
아몬드 슬라이스 50g

브라우니

❶ 다크 초콜릿은
중탕으로 녹인 다음
버터를 넣어 잘 녹인다.

❷ ①에 흑설탕을 넣어
섞고 달걀을 잘 풀어
넣고 섞는다.

❸ 박력분과
코코아가루,
베이킹파우더를 체에
쳐서 ②에 넣어 골고루
섞는다.

❹ 틀에 유산지를 깔고
반죽을 담고 윗면을
고르게 한 다음 아몬드
슬라이스를 뿌리고
180℃로 예열한 오븐에서
25~30분 정도 굽는다.

195

바클라바

바클라바는 터키의 대표 스위트로 하얀 종잇장 같은 얇은 반죽을 사용하여 반죽의
사이사이에 버터를 발라 가며 겹쳐 층을 만들고 재료를 얹은 후 층으로 쌓거나
반으로 접거나 막대 모양으로 돌돌 말아 요리를 만들어요. 반죽의 사이에 버터를
발라 겹을 만들어 바삭바삭한 것이 특징입니다.

10인분
요리 시간 50분

재료
필로 페이스트리(필로 시트)
250g
버터 100g
올리브오일 1/4컵
물 150cc
설탕 250g
레몬 1/4개(또는 레몬즙 2)
견과류 80g

❶ 견과류는 곱게
다진다. 냉장고에
보관했던 견과류는
예열된 200도의
오븐에서 5분간
구워주면 더 고소하다.

❷ 버터는
전자레인지에서 2분
정도 돌려서 녹이고
올리브오일을 넣어
섞는다.

❸ 필로 페이스트리는
팬 크기에 맞게 자른다.

❹ 팬에 버터를 바르고
필로 페이스트리를 2장
겹쳐 올리고 다시 버터를
골고루 바른다.

기호에 따라
피스타치오를
다져서 뿌린다.

❺ 필로 페이스트리를
다시 올려주고 버터를
바른 후 곱게 다진
견과류를 골고루 뿌리고
다시 필로 페이스트리를
올리고 버터 바르는
것을 반복한다.

❻ 먹기 좋은 크기로
잘라서 예열된 오븐
180도에서 20분간
구운 후 200도에서
5분간 노릇노릇하게 더
굽는다.

❼ 물에 설탕을 넣어
끓인 후 레몬즙을 넣어
시럽을 만든다.

❽ 바클라바가 다
구워지면 뜨거울 때 설탕
시럽을 골고루 뿌린다.

마들렌

◆◇◆◇◆◇◆◇◆◇◆

6개
요리 시간 30분

재료
박력분 30g
베이킹파우더 1g
설탕 15g
꿀 15g
달걀 30g
녹인 버터 30g
레몬 적당량

Cooking Tip
반죽은 냉장고에서 1시간 정도
휴지시킨 후 구워야 모양도 잘
나고 풍미도 살아요.

❶ 볼에 박력분과
베이킹파우더, 설탕을
체에 쳐 넣고 섞는다.

❷ ①에 꿀과 달걀을
넣어 골고루 섞은 다음
녹인 버터를 넣는다.

❸ 레몬은 껍질을 벗겨
곱게 다지고 즙을 짜서
②에 함께 넣는다.

❹ 마들렌틀에
숟가락으로 일정하게
반죽을 채우거나
짤주머니에 반죽을 넣어
채우고 180℃로 예열한
오븐에서 10분 정도
굽는다.

상투과자

◆◇◆◇◆◇◆◇◆◇◆◇◇

55~60개
요리 시간 30분

재료
백앙금 500g
아몬드가루 50g
물엿 1큰술
달걀노른자 1개분
우유 2큰술

대체 식재료
아몬드가루 ▶ 헤이즐넛가루

Cooking Tip
상투과자는 짤주머니에
끼우는 깍지의 모양과 짜는
방법에 따라 다양한 모양을
만들 수 있어요. 크기가 큰
과자를 만들 때에는 시간을
늘려 노릇노릇하게 색이
나도록 구우세요.

❶ 백앙금에
아몬드가루, 물엿,
달걀노른자를 넣어
골고루 섞는다.

❷ 우유를 넣어가며
농도를 조절한다.

❸ 짤주머니에 모양
깍지를 끼우고 반죽을
채워 오븐팬에 지름 3cm
크기로 짠다.

❹ 180℃로 예열한
오븐에서 20분 정도
굽는다.

만주

어릴 적 아버지의 월급날이 떠올라요. 아버지는 퇴근하시면서
꼭 밤과자 한 봉지를 사오셨어요. 잘라보면 달콤한 흰 앙금이 가득했던
밤과자를 아끼면서 먹었어요. 밤톨 모양이라 밤과자라 불렀던 그 과자가
제가 처음 맛보았던 만주였어요. 만주를 만들며 옛 추억에 빠져요.

Cooking Tip

표면에 바를 달걀노른자와 우유는
섞어서 가볍게, 골고루 발라야
노릇노릇한 색이 골고루 나요. 너무
많이 바르면 색이 진하게 날 뿐
아니라 바닥으로 흘러 타기 쉬우니
욕심 내지 마세요

10~15개
요리 시간 40분

주재료
달걀 1개
설탕 30g
물엿 7g
소금 1/4작은술
녹인 버터 15g
우유 1/2큰술
박력분 150g

아몬드가루 15g
베이킹파우더 3g
백앙금 150g
유자청 2작은술

표면 덧바르기 재료
달걀노른자 1개분
우유 1큰술

대체 식재료
유자청
▶ 다진 대추, 다진 건과일

❶ 달걀은 잘 풀어 설탕, 물엿, 소금을 넣고 거품기로 고루 섞은 다음 녹인 버터와 우유를 넣어 섞은 다음 박력분과 아몬드가루, 베이킹파우더를 체에 쳐 넣고 고루 섞는다.

❷ 비닐봉지에 반죽을 넣어 냉장고에서 30분 정도 휴지시킨다. 백앙금에 유자청을 다져 넣어 골고루 섞는다.

반죽에 앙금을 넣어 잘라서 굽기도 하지만 반죽을 일정한 크기로 떼어 앙금을 넣어 둥글려 모양을 만들어도 돼요

❸ 밀대로 반죽을 0.4~0.5cm 두께로 밀어 백앙금을 넣고 말아 냉동실에서 1시간 정도 굳힌다.

❹ 반죽을 한입 크기로 잘라 오븐팬에 올려 달걀노른자와 우유를 섞어 바르고 180℃로 예열한 오븐에서 20분 정도 굽는다.

호두 파이

호두파이는 굽고 나면 부자가 된 것 같아요. 집에 있는 몇 가지 재료에
냉장고에 넣어둔 호두를 넣고 만들면 베이커리에서 파는 호두파이처럼 만들 수
있어요. 어렵지도 않은데 예쁘게 포장하여 선물하면 그럴듯해 보이니 정말 좋아요.
포장용기를 판매하는 곳에서 호두 파이용 박스를 판매하니 포장 때문에
스트레스 받을 일도 없어요.

Cooking Tip
반죽을 밀 때는 사방으로
돌려가며 밀어야 구웠을 때
줄어들지 않아요. 호두는
다진 것으로 준비하거나 칼로
일정한 두께로 슬라이스해서
사용하세요

◆ ◇ ◆ ◇ ◆ ◇ ◆ ◇ ◆ ◇ ◆ ◇ ◆ ◇ ◆ ◇ ◆ ◇ ◆ ◇ ◆ ◇ ◆ ◇ ◆ ◇ ◆ ◇ ◆

파이틀 1개
요리 시간 60분

주재료
박력분 180g
슈거 파우더 15g
베이킹파우더 1/4작은술
차가운 버터 90g
찬물 50g
소금 2g
덧밀가루 약간

충전물 재료
달걀 3개
황설탕 70g
물엿 120g
녹인 버터 30g
계핏가루 1작은술
옥수수가루 1작은술
호두 150g

소금 약간
바닐라에센스 1g

대체 식재료
호두 ▶ 피칸
물엿 ▶ 메이플 시럽
바닐라에센스 ▶ 바닐라빈

❶ 볼에 박력분과 슈거파우더,
베이킹파우더를 체에 쳐 넣고
차가운 버터를 잘라 넣은 다음
스크래퍼로 잘게 다져가며
가루 재료와 고루 섞는다.

❷ 찬물에 소금을 섞어
반죽에 넣어 스크래퍼로 살살
섞으며 한 덩이로 뭉쳐 반죽이
마르지 않도록 비닐봉지에
넣어 냉장고에서 1시간 정도
휴지시킨다.

❸ 휴지시킨 반죽을 꺼내어
작업대에 덧밀가루를 살짝
뿌리고 밀대로 0.3cm 두께로
밀어 파이틀에 올리고 틀에 잘
밀착시켜 틀 밖으로 나오는
반죽은 스패튤라로 자른다.

❹ 반죽 바닥을 포크로
송송 찔러 부풀지 않도록
하여 충전물을 만드는 동안
냉장고에서 휴지시킨다.

❺ 볼에 달걀을 풀고
황설탕과 물엿, 소금, 바닐라
에센스를 넣어 섞다가 녹인
버터를 넣는다. 계핏가루와
옥수수가루를 섞어 달걀물에
섞어 체에 한 번 거른다.

호두는 200℃의
오븐에서 2~3분 정도
구워 굵게 다지거나
슬라이스 하여
사용하고 다진 호두는
구워서 사용하세요

❻ 냉장고에 넣어두었던 파이
도우에 전처리한 호두를 얹고
달걀 충전물을 가득 부어
180℃로 예열한 오븐에서
40~45분 정도 굽는다.

단호박 미니 타르트

단호박을 으깨 쉽게 만들 수 있는 타르트입니다.
계절에 따라서 단호박에 고구마, 밤 등을 섞거나
따로 준비해 다양한 타르트를 만들 수 있어요.

6인분
요리 시간 40분

재료
다이제스티브 (또는 쿠키 크럼블) 10개
녹인 버터 4
달걀노른자 1개
단호박(으깬 것) 220g
연유 100g

달걀 1/2개
시나몬 파우더 0.5
소금 약간씩

머랭 재료
물 30㎖
설탕(A) 50g
달걀흰자 30g
설탕(B) 10g

❶ 다이제스티브를 잘게 부수어 녹인 버터, 달걀노른자와 섞어 오븐틀에 평평하게 깔아서 채운다.

❷ 단호박, 연유, 달걀, 시나몬 파우더, 소금을 넣고 섞어 1에 채운다.

❸ 예열한 160도의 오븐에서 30분 정도 구운 후 식혀서 작은 사각형 크기로 자른다.

❹ 머랭을 만든다. 냄비에 물, 설탕(A)를 넣고 12도까지 끓여 시럽을 만든다.

❺ 달걀흰자에 거품을 내며 설탕(B)를 나누어 넣고 시럽을 조금씩 넣어가며 섞어 머랭을 만든다.

❻ 머랭을 짤주머니에 담아 잘라놓은 타르트에 짜서 토치로 한 번 굽는다.

삼색 타르트

달콤한 맛의 타르트는 베이커리에서 단연 반짝반짝 빛을 내는 주인공이에요.
언제나 빛나는 모습으로 우리를 유혹하죠. "예쁘다~ 와~맛있겠다!"라는
감탄사가 절로 나와요. 여러 가지 과일만 준비하면 베이커리 부럽지 않은
타르트를 만들 수 있어요.

Cooking Tip
과일은 계절에 따라
준비하여 장식한 다음 과일에
나파주를 바르면 윤기가 나
먹음직스러우며 과일이 잘
마르지 않아요

◆◇◆

타르트틀 1개 또는 미니 틀 2개 요리 시간 50분	주재료 버터 60g 슈거 파우더 30g 달걀 25g 박력분 90g 아몬드가루 25g 생크림 약간 과일(포도, 복숭아, 사과, 키위 등) 적당량	아몬드 크림 재료 버터 100g 설탕 60g 달걀 2개 아몬드가루 100g 박력분 30g

❶ 아몬드 크림용 버터는 미리 실온에 꺼내두어 부드럽게 하여 설탕을 넣고 섞은 다음 달걀을 조금씩 나눠 넣어 크림 상태를 만든다.

❷ 아몬드 크림용 아몬드가루와 박력분을 체에 쳐 ①과 섞어 아몬드 크림을 완성한다.

❸ 타르트 시트를 만든다. 버터와 슈거 파우더를 섞은 다음 달걀을 넣어 섞고 박력분과 아몬드가루를 체에 쳐 넣어 섞는다.

❹ 타르트 시트 반죽을 비닐봉지에 담아 냉장고에서 1시간 정도 휴지시켰다가 밀대로 0.3cm 두께로 밀어 타르트틀에 얹고 밀착시킨 다음 틀 밖으로 나오는 반죽은 스패튤라로 자른다. 170℃로 예열한 오븐에서 10분 정도 굽는다.

❺ ④에 아몬드 크림을 채우고 180℃로 예열한 오븐에서 15~20분 정도 구워 식힌 다음 짤주머니에 생크림을 담아 윗면에 짠다.

❻ 포도, 복숭아, 사과, 키위 등의 과일을 준비하여 물에 씻어 물기를 완전히 제거한 다음 타르트에 올려 장식한다.

기본 롤케이크

어느 유명 백화점 식품 매장에 가니 한 상점에만 줄을 길게 서 있더라고요.
또 어떤 새로운 것이 들어왔길래 이렇게 줄을 설까 싶어 기웃거려보니
롤케이크집이었어요. 보는 것만으로도 부드럽고 촉촉한 맛이 느껴졌어요.
유명 롤케이크보다 맛은 조금 모자라도 줄 서지 않고 먹고 싶을 때마다
먹을 수 있는 가정식 기본 롤케이크를 소개할게요.

Cooking Tip

달걀은 온도가 차가우면 거품이
잘 오르지 않아요. 여름철에는
냉장고에서 꺼낸 달걀을 그대로 사용해도
되나 겨울철에는 냉장고에서 꺼내어 실온에
두었다가 거품을 내세요. 또 달걀흰자는
조리 도구에 기름기가 있으면 거품이
잘 나지 않아요. 조리 도구를 깨끗하게
씻어 물기를 잘 닦아내고
거품을 올리세요

30×26cm 크기의
사각 오븐틀 1개
또는 15×26cm 크기의
사각틀 2개
요리 시간 40분

재료
달걀 5개
설탕(A) 65g
물엿 15g
소금 3g
설탕(B) 55g
박력분 100g

베이킹파우더 5g
식용유 45g
딸기잼 적당량

대체 식재료
딸기잼
▶ 여러 가지 잼, 생크림

❶ 달걀은 흰자와 노른자를
구분하여 달걀노른자,
설탕(A), 물엿, 소금을 섞어
크림 상태로 만든다.

❷ 달걀흰자는 거품기로
거품을 내어 설탕(B)를
조금씩 넣어가며 섞어
머랭을 만든다.

❸ 박력분과 베이킹파우더를
체에 쳐서 ①에 넣어 섞고 ②를
2~3번 나누어 넣어 섞은 다음
식용유를 넣어 섞는다.

❹ 사각틀에 유산지를 깔고
반죽을 부어 윗면을 편평하게
정리한다.

거품을 내어
만드는 케이크는
반드시 오븐의 예열이
완료되자마자 반죽을
넣어 구우세요

❺ 170℃로 예열한 오븐에서
15~20분 정도 구워 시트를
완전히 식힌 후 유산지를
제거한다.

❻ 빵칼로 갈색 부분을 얇게
벗겨내고 시트에 딸기잼을
고루 펴 바르고 돌돌 만다.

녹차 롤케이크

베이킹을 처음 배울 때에는 준비해야 할 도구들이 너무 많아요.
우선 핸드 믹서를 구입하고 그다음은 각종 틀을 구입해야 해요.
그다음으로는 아이싱 깍지, 쿠키틀에 여러 가지 소소한 소품을 끝없이 사들이게
돼요. 저는 모든 것이 준비될 즈음 베이킹의 재미가 살짝 없어지는 시점이
오더라고요. 도구들이 짐처럼 느껴지니 도구 먼저 구입하지 마시고 집에 있는
도구를 최대한 활용해 꼭 필요하다고 생각하는 것만 구입하세요.

◆◇◆◇◆◇◆◇◆◇◆◇◆◇◆◇◆◇◆◇◆◇◆◇◆◇◆◇◆◇◆◇◆◇◆◇◆◇◆

30×26cm 크기의
사각 오븐틀 1개
또는 15×26cm 크기의
사각틀 2개
요리 시간 40분

스펀지 시트 재료
달걀 5개
설탕(A) 65g
물엿 15g
소금 3g
설탕(B) 55g
박력분 100g

녹차가루 15g
베이킹파우더 5g
식용유 45g

녹차 생크림 재료
생크림 80g
설탕 1큰술
녹차가루 1큰술

❶ 달걀은 흰자와 노른자를
분리하여 달걀노른자,
설탕(A), 물엿, 소금을 섞어
크림 상태로 만든다.

❷ 달걀흰자는 거품기로
거품을 내어 설탕(B)를
조금씩 넣어가며 섞어 머랭을
만든다.

❸ 박력분과 녹차가루,
베이킹파우더를 체에 쳐서
①에 넣어 섞고 ②를 2~3회에
나누어 넣어 섞은 다음
식용유를 넣어 섞는다.

❹ 사각틀에 유산지를 깔고
반죽을 부어 윗면을 편평하게
하여 170℃로 예열한 오븐에서
15~20분 정도 굽는다.

❺ 시트를 완전히 식혀
유산지를 제거하고 갈색
부분은 빵칼로 얇게 벗겨낸다.

❻ 생크림에 설탕을 넣고
거품을 올린 다음 녹차가루를
넣어 섞어 시트에 골고루 펴
바르고 돌돌 만다.

커피 롤케이크

요즘은 보기 힘든 갈색의 껍질에 물결 무늬가 있는 옛날 롤케이크 생각나세요?
제가 오븐 회사에 들어가서 처음 배운 롤케이크는 반죽에 커피를 진하게 타서
롤케이크 위에 사선으로 선을 그은 다음 꼬치로 사선을 반대방향으로 그어
물결 무늬를 넣은 이 롤케이크였어요.
굽고 난 후에 무늬를 잘 살려 롤케이크를 완성해야 잘 만든 롤케이크라는
소리를 들었죠. 줄무늬가 망가질 걱정 없는 커피 롤케이크예요.

30×26cm 크기의
사각 오븐틀 1개
또는 15×26cm 크기의
사각틀 2개
요리 시간 60분

스펀지 시트 재료
달걀 5개
설탕(A) 65g
물엿 15g

소금 3g
설탕(B) 55g
박력분 100g
베이킹파우더 5g
식용유 45g
따끈한 물 1작은술
인스턴트커피 1작은술
건포도 2큰술
다진 호두 2큰술
아몬드 슬라이스 1큰술

모카 크림 재료
설탕 40g
물 30g
물엿 10g
버터 100g
럼 10g
연유 20g
따끈한 물 1작은술
인스턴트커피 1작은술

❶ 달걀은 흰자와 노른자를
분리하여 달걀노른자,
설탕(A), 물엿, 소금을 섞어
크림 상태로 만든다.

❷ 달걀흰자는 거품기로
거품을 내어 설탕(B)를
조금씩 넣어가며 섞어 머랭을
만든다.

❸ 박력분과 베이킹파우더를
체에 쳐서 ①에 넣어 섞고 ②를
2~3회에 나누어 넣어 섞은
다음 식용유를 넣어 섞는다.

인스턴트 커피를
진하게 타서 넣거나
에스프레소를
넣으세요

❹ 따끈한 물에 녹인
인스턴트커피, 건포도,
다진 호두를 넣고 ③의 반죽에
넣어 가볍게 섞는다.

❺ 사각틀에 유산지를 깔고
반죽을 채워 윗면을 편평하게
한 다음 아몬드 슬라이스를
뿌려 170℃로 예열한 오븐에서
15~20분 정도 굽는다.

❻ 시트를 완전히 식혀
유산지를 제거하고 갈색
부분은 빵칼로 얇게 벗겨내고
모카 크림 버터를 만들어
골고루 펴 바르고 돌돌 만다.

크리스마스 통나무 케이크

◆◇◆◇◆◇◆◇◆◇◆

롤케이크 1개
요리 시간 30분

재료
롤케이크 1개
모카 버터 크림 200g
크리스마스 장식

Cooking Tip
롤케이크 만드는 법은
196쪽을, 모카 버터 크림
만드는 법은 200쪽을
참고하세요.

시판되는
롤케이크를
사용해도 돼요

❶ 롤케이크를 어슷하게 자른다.

❷ 모카 버터 크림을 부드럽게 만들어 롤케이크에 바른다.

❸ 포크로 통나무처럼 무늬를 만든다.

❹ 크리스마스 장식품으로 장식한다.

지름 20cm 크기의 원형틀
또는 타르트틀 1개
요리 시간 40분

재료
호두 20g
완두콩(통조림) 80g
강낭콩(통조림) 80g
찹쌀가루 2컵+1/2컵
녹차가루 2작은술
베이킹파우더 1작은술
설탕 2큰술
건포도 20g
우유 1/2컵~1/3컵
올리브오일 약간

Cooking Tip
찹쌀가루는 방앗간에서
판매하는 젖은 것으로
사용하세요. 시판되는
마른 찹쌀가루를 사용할
때에는 우유의 양을 더 넣어
부드럽게 반죽하세요.

찹쌀 케이크

bread

❶ 호두는 잘게 부수고
완두콩과 강낭콩은 체에
밭쳐 물기를 뺀다.

❷ 찹쌀가루에 녹차가루,
베이킹파우더, 설탕,
건포도, 호두를 넣어
섞은 다음 우유를 조금씩
넣어가며 반죽이 질지
않게 적당한 농도로
조절한다.

❸ 파이팬이나
오븐용기에
올리브오일을
골고루 바른다.

❹ 반죽을 채워 강낭콩을
뿌려 180℃로 예열한
오븐에서 30분 정도
굽는다.

당근 케이크

베이킹을 하기 위해서는 여러 가지 조리 도구가 필요한 경우가
많은데요. 특별한 조리 도구 없이 손 거품기와 나무 주걱만으로도
쉽게 만들 수 있는 것이 당근 케이크입니다.
당근 케이크 위에 올리는 치즈 프로스팅은 짤주머니 대신
숟가락으로 골고루 발라주어도 좋고요. 생략해도 맛있는 당근
케이크가 완성됩니다.

4인분	재료	프로스팅 재료	Cooking Tip
요리 시간 50분	당근 100g 견과류 50g 달걀 3개 흑설탕 75g 올리브오일 50㎖ 박력분 110g 계핏가루 1작은술.	크림치즈 150g 설탕 2큰술 생크림 75㎖	오븐의 특성에 따라 온도는 10~20도의 차이가 나타나기 때문에 오븐 요리를 할 때는 윗면에 색이 나는 정도나 익은 정도를 확인하고 온도를 높여주거나 요리 시간을 약간 늘려주면 요리하기가 좋아요.

❶ 당근은 강판에 갈아서 물기를 가볍게 짜고 견과류를 다진다.

❷ 달걀에 흑설탕을 넣어 잘 섞은 다음 올리브오일을 넣어 섞는다.

❸ 박력분에 계핏가루를 넣어 체에 친 후 2의 반죽에 넣어 섞는다.

❹ 케이크틀에 반죽을 넣어 예열된 170도의 오븐에서 25분간 구워 식힌다.

❺ 크림치즈를 부드럽게 만들어 설탕을 넣어 섞은 다음 생크림을 넣어 부드럽게 만든다.

❻ 당근 케이크에 크림치즈 프로스팅을 장식한다.

바스크 치즈 케이크

바스크는 스페인의 지역명으로 바스크 지역에서 만들어져서 붙여진
이름입니다. 달콤한 맛에 디저트 와인과도 페어링이 좋고 커피나 차와도
잘 어울려요. 냉장고에 보관해 차갑게 맛보면 더 맛있게 먹을 수 있어요.

6인분
요리 시간 30분(굽는 시간
제외)

재료
크림치즈 400g
설탕 160g
소금 약간
달걀 3개
생크림 200g
바닐라 에센스 1/2작은술
밀가루 30g

Cooking Tip
크림치즈 대신 마스카포네
치즈를 활용해도 좋아요

❶ 크림치즈는 거품기로
부드럽게 만든 후 설탕을
조금씩 넣으면서 섞고
소금을 넣는다.

❷ 달걀을 조금씩 넣어
섞는다.

❸ 생크림을 넣어 저어준 후
바닐라 에센스를 넣는다.

❹ 밀가루를 체에 쳐서 넣고 잘
섞는다.

❺ 틀에 유산지를 깔고
반죽을 붓고 예열된 오븐
190도에서 20분, 200도에서
20분을 굽는다.

❻ 노릇노릇하게 익으면
꺼내어 식힌다.

봄 딸기 케이크

생크림 위의 딸기는 찐빵 속 팥 앙금과 같은 찰떡궁합이에요.
스펀지 케이크에 생크림으로 매끈하게 아이싱을 못해도 딸기만
올리면 화려하고 달콤한 봄 딸기 케이크를 만들 수 있어요.
일 년 내내 말이 필요 없는 러블리 딸기 케이크예요.

Cooking Tip

딸기는 씻어서 완전히 물기를
빼지 않으면 물이 흘러서 생크림이
분리돼요. 키친타월로 물기를 잘
제거한 후에 장식하세요. 또 딸기는
민트와 궁합이 잘 맞으니 장보러 가서
민트가 눈에 띄면 구입해서 딸기
케이크에 장식해보세요

◆◇◆◇◆◇◆◇◆◇◆◇◆◇◆◇◆◇◆◇◆◇◆◇◆◇◆◇◆◇◆◇◆◇◆

지름 20cm 크기의 원형틀 1개	스펀지 시트 재료	필링과 아이싱 재료	대체 식재료
요리 시간 40분	달걀 3개	시럽 2	딸기 ▶ 키위, 오렌지,
	설탕 100g	생크림 250g	블루베리, 체리
	물엿 10g	딸기 1팩(10~15개 정도)	
	박력분 100g		
	식용유 1큰술		
	우유 40g		

❶ 스펀지 시트를 만든다.
볼에 달걀을 넣고 잘 풀어
설탕과 물엿을 넣고 거품기로
골고루 섞는다.

❷ 박력분을 체에 쳐 ①에 넣어
가볍게 섞은 다음 식용유와
우유를 넣고 골고루 섞는다.

❸ 원형틀에 유산지를 깔고
반죽을 채운 다음 바닥에
틀을 가볍게 내리치고
고무주걱으로 윗면을 고르게
펴고 180℃로 예열한 오븐에서
25~30분 정도 굽는다.

❹ 스펀지 시트를 식혀 윗면을
살짝 저민 다음 0.7cm 두께로
잘라 3장을 준비한다.

❺ 스펀지 시트 앞뒤에 시럽을
골고루 바르고 생크림을
골고루 바른다.

❻ 딸기를 얇게 썰어 얹고
스펀지 시트를 얹고 다시
생크림을 바르는 과정을 반복한
다음 위쪽 스펀지 시트에
매끈하게 생크림을 바른다.
나머지 생크림을 짤주머니에
넣어 장식한 다음 딸기로
장식한다.

여름 복숭아 케이크

오븐 회사에 다니면서 오븐 요리를 가르칠 때 가장 인기 있는
메뉴가 케이크였어요. 베이커리에서만 사 먹던 케이크를 내 손으로
직접 만든다는 기쁨이 너무 커서 누구나 만족스러워했어요.
가족들 생일이나 기념일, 축하할 일이 생기면 케이크를 하나씩 구워보세요.
기본만 알면 어떻게 장식하냐에 따라 여러 가지로 응용이 가능해요.

Cooking Tip
스펀지 케이크는 구워서
틀에서 빼 식힘망에서 완전히
식히세요. 틀에 그대로
두면 잘 식지 않고 케이크의
가장자리가 매끈하지 않아요

◆◇◆

**지름 20cm 크기의
원형틀 1개**
요리 시간 40분

스펀지 시트 재료
달걀 3개
설탕 100g
물엿 10g
박력분 100g
식용유 1큰술
우유 40g

필링과 아이싱 재료
시럽 2
생크림 250g
천도복숭아 2개

대체 식재료
천도복숭아 ▶ 황도, 망고

❶ 스펀지 시트를 만든다.
볼에 달걀을 넣고 잘 풀어
설탕과 물엿을 넣고 거품기로
골고루 섞는다.

❷ 박력분을 체에 쳐 ①에 넣어
가볍게 섞은 다음 식용유와
우유를 넣고 골고루 섞는다.

❸ 원형틀에 유산지를 깔고
반죽을 채운 다음 바닥에
틀을 가볍게 내리치고
고무주걱으로 윗면을 고르게
펴고 180℃로 예열한 오븐에서
25~30분 정도 굽는다.

❹ 스펀지 시트를 식혀 윗면을
살짝 저민 다음 0.7cm 두께로
잘라 3장을 준비한다.

❺ 스펀지 시트 앞뒤에 시럽을
골고루 바르고 생크림을
골고루 바른다.

❻ 스펀지 시트에
매끈하게 생크림을 바르고
천도복숭아를 얇게 썰어
장식한다.

가을 단호박 케이크

케이크를 혼자 구울 때에는 준비를 잘 하고 굽는
것이 좋아요. 열심히 거품을 내어 반죽을 한 후
케이크틀에 부으려는 순간, 유산지를 깔지 않아
급히 준비하다 보면 거품이 꺼질 수 있고요. 또
오븐을 예열해두지 않으면 예열하는 동안 거품이
꺼질 수도 있어요. 만반의 준비를 하고 케이크를
만드세요.

Cooking Tip

단호박은 수분이 많으면 걸쭉하게
조려서 사용하고 수분이 적어
퍽퍽할 때에는 물을 약간 넣어
부드럽게 만들어 생크림과
섞으세요

지름 20cm 크기의 원형틀 1개	스펀지 시트 재료	필링과 아이싱 재료	대체 식재료
요리 시간 40분	달걀 3개 설탕 100g 물엿 10g 박력분 100g 식용유 1큰술 우유 40g	단호박 1/4개 생크림 250g 시럽 2	단호박 ▶ 늙은 호박, 대추 삶아서 으깬 것, 홍시

❶ 스펀지 시트를 만든다.
볼에 달걀을 넣고 잘 풀어
설탕과 물엿을 넣고 거품기로
골고루 섞는다.

❷ 박력분을 체에 쳐 ①에 넣어
가볍게 섞은 다음 식용유와
우유를 넣고 골고루 섞는다.

❸ 원형틀에 유산지를 깔고
반죽을 채운 다음 바닥에
틀을 가볍게 내리치고
고무주걱으로 윗면을 고르게
펴고 180℃로 예열한 오븐에서
25~30분 정도 굽는다.

❹ 스펀지 시트를 식혀 윗면을
살짝 저민 다음 0.7cm 두께로
잘라 3장을 준비한다.

❺ 단호박은 찜통에 쪄서
장식용으로 약간만 남기고
나머지는 껍질을 벗기고 체에
내린다. 이어서 생크림을 거품
내어 섞는다.

❻ 스펀지 시트 앞뒤에 시럽을
골고루 바른 다음 단호박
생크림을 골고루 바르고
단호박으로 장식한다.

겨울 팥 케이크

팥은 우리나라 사람들에게 특별한 의미가 있는 식재료예요. 동지에는 새해를 맞는
의미로 팥죽을 끓여 나쁜 액운을 없애고 이사를 갔을 때에도 팥시루떡을 만들어
동네 사람들과 나누어 먹어요. 우리 음식에만 어울릴 것 같은 팥이 케이크와도 잘
어울려요. 특히 어른들이 좋아하는 케이크이니 부모님 생신 때 만들어보세요.

Cooking Tip
팥 앙금을 사용할 때에는
팥에 우유를 넣어 부드럽게
만드세요

| 지름 20cm 크기의
원형틀 1개
요리 시간 60분 | 팥 소스 재료
빙수용 팥 2컵
물 1컵 | 스펀지 시트 재료
달걀 3개
설탕 100g
물엿 10g
박력분 100g
식용유 1큰술
우유 40g | 필링 재료
시럽 2

대체 식재료
빙수용 팥 ▶ 팥 앙금 |
| | 팥 크림 재료
생크림 200g
설탕 30g
팥 소스 200g | | |

❶ 팥 소스를 만든다. 냄비에 빙수용 팥과 물 1컵을 넣고 10분 정도 끓여 살짝 졸인 다음 체에 걸러 팥 소스를 만든다.

❷ 팥 크림을 만든다. 차가운 볼에 생크림과 설탕을 넣고 거품기로 크림을 올린 다음 ①의 팥 소스를 넣어 팥 크림을 만든다.

❸ 스펀지 시트를 만든다. 볼에 달걀을 넣고 잘 풀어 설탕, 물엿을 넣고 거품기로 골고루 섞은 다음 박력분을 체에 쳐 넣고 가볍게 섞는다.

❹ 식용유와 우유를 ③에 넣고 골고루 섞는다.

❺ 원형틀에 유산지를 깔고 반죽을 채우고 바닥에 틀을 가볍게 내리친 다음 고무주걱으로 윗면을 고르게 펴고 180℃로 예열한 오븐에서 25~30분 정도 구워 식힌다. 윗면을 살짝 저미고 0.7cm 두께로 잘라 3장을 준비한다.

❻ 스펀지 시트 앞뒤에 시럽을 골고루 바르고 팥 크림으로 아이싱을 한 다음 짤주머니에 팥 생크림을 넣어 장식한다.

커스터드 슈크림

슈크림을 만들면서 오븐의 원리를 배웠어요. 프라이팬, 냄비, 찜통.
그 어떤 조리 도구로도 만들 수 없는데 오븐만이 만들 수 있는 작품인 것 같아요.
간단한 재료에 비해 실패할 확률이 조금 높아요. 처음 배울 때 너무 신기해서 굽고
또 굽고, 실패하고 또 실패한 후에 터득하게 되었어요. 처음 도전하는 분들은
실패하셔도 실망하지 마시고 다시 한 번 도전하세요~

Cooking Tip
슈 반죽을 만들 때 반죽을 나무주걱으로
떠보아 끝이 삼각형처럼 농도가 나면
적당한 상태예요. 달걀이 너무 많이
들어가 주르륵 흐르면 반죽이 질어서
슈가 잘 구워지지 않고
너무 되직해도 안 돼요

30~35개	슈 반죽 재료	커스터드 크림 재료	박력분 10g
요리 시간 40분	물 125g	우유 250g	녹말가루 10g
	버터 100g	설탕(A) 30g	녹인 버터 10g
	박력분 100g	바닐라빈 1/5개	
	달걀 3~4개	달걀노른자 50g	
	소금 약간	설탕(B) 30g	

커스터드 크림

❶ 커스터드 크림을 만든다. 우유와 설탕(A)를 넣고 끓이다가 바닐라빈을 넣는다.

❷ 달걀노른자와 설탕(B)를 섞어서 가볍게 풀어 ①이 끓으면 부으면서 젓는다. 박력분과 녹말가루를 체에 쳐 넣은 다음 녹인 버터를 넣어 잘 저어 냉장고에 넣어둔다.

❶ 슈 반죽을 만든다. 냄비에 물 125g과 버터를 넣어 끓이다가 버터가 녹으면 박력분을 넣어 주걱으로 잘 저어 죽처럼 쑨다.

❷ 죽처럼 쑨 버터와 밀가루가 한 덩어리로 뭉쳐지면 달걀을 풀어서 조금씩 넣어가며 잘 저어 부드럽게 반죽을 만든다.

❸ 짤주머니에 반죽을 넣어 오븐 팬에 일정한 크기로 짠다.

❹ 스프레이로 물을 듬뿍 뿌리고 180℃로 예열한 오븐에서 20~25분 정도 구워 식힌다.

❺ 슈에 커스터드 크림을 채운다.

초코 슈크림

오래전 인기 있었던 드라마의 주인공 삼순이가 만든 케이크로
유명해졌던 크로캉부슈는 슈를 층층이 쌓아 올려 고깔 모양으로 만들어요.
프랑스에서는 결혼식, 성인식 등의 의례 때 주로 만드는 과자래요.
초코 슈크림으로 크로캉부슈에 도전해보세요.

Cooking Tip

슈 반죽을 오븐팬에 짤 때에는
일정한 크기로 만들어야 똑같이
구워져요. 또 슈는 완전히 식혀서
냉동실에 보관하고 먹을 때
크림을 채우면 더 맛있어요

30~35개
요리 시간 60분

초코 슈 재료
박력분 100g
코코아가루 10g
물 100g
우유 100g
버터 90g
소금 1g
달걀 4개

초코 크림 재료
다크 초콜릿 50g
커스터드가루 1/4컵
우유 1컵

❶ 박력분에 코코아가루를
넣어 체에 친다.

❷ 냄비에 물과 우유, 버터,
소금을 넣고 끓여 버터가 녹으면
박력분과 코코아가루를 넣어
나무주걱으로 저어 반죽이
한 덩어리가 되면 1분 정도 더
저어가며 끓인다.

❸ 반죽에 달걀을 조금씩
넣어가며 거품기로 젓는다.

❹ 오븐팬에 유산지를
깔고 반죽을 짤주머니에
넣어 간격을 띄워 짠 다음
스프레이로 물을 듬뿍 뿌리고
180℃로 예열한 오븐에서
20~25분 정도 굽는다.

❺ 중탕 냄비에 다크
초콜릿을 넣어 녹인 다음
커스터드가루에 우유를 넣어
부드럽게 저어 다크 초콜릿과
잘 섞는다.

❻ 슈가 익으면 꺼내어 초코
크림을 채운다.

샐러드 슈

슈는 프랑스어로 양배추를 뜻해요. 슈에 크림을 채우면 슈크림이 되고
샐러드를 채우면 샐러드 슈가 되지요. 슈는 구워 다양한 크림을 넣기도 하고
때때로 아이스크림을 넣으면 다양한 맛을 즐길 수 있어요.

Cooking Tip
샐러드 슈에는 여러 가지 채소와
참치나 연어 같은 통조림 재료를
섞어서 사용해도 좋아요

30~35개
요리 시간 40분

주재료
오이 1/4개
피망 1/4개
당근 약간
옥수수(통조림) 1/2컵
건포도 2
마요네즈 3
소금 · 후춧가루 약간씩

슈 반죽 재료
물 125g
버터 100g
박력분 100g
달걀 3~4개
소금 약간

대체 식재료
피망 ▶ 파프리카

❶ 슈 반죽을 만든다. 냄비에 물 125g과 버터를 넣어 끓이다가 버터가 녹으면 박력분을 넣어 주걱으로 잘 저어 죽처럼 쑨다.

❷ 죽처럼 쑨 버터와 박력분이 한 덩어리로 뭉쳐지면 달걀을 풀어서 조금씩 넣어가며 잘 저어 부드럽게 반죽을 만든다.

❸ 짤주머니에 반죽을 넣어 오븐팬에 일정한 크기로 짠다.

❹ 슈에 스프레이로 물을 듬뿍 뿌려 180℃로 예열한 오븐에서 20~25분 정도 구워 식힌다.

❺ 오이와 피망, 당근은 옥수수알 크기로 썰어 건포도, 마요네즈를 넣어 섞고 소금과 후춧가루로 간한다.

❻ 슈에 칼집을 넣고 ⑤를 채운다.

카스텔라

달걀, 밀가루, 설탕 등을 넣어 구운 카스텔라는 스펀지
케이크의 일종으로 포르투갈에서 처음 만들어졌다고 합니다.
포르투갈어로 카스티야(스페인 중부에 있던 옛 왕국)의
빵이라는 뜻을 가진 '팡 드 카스텔라'라는 빵에서 유래한
것으로 알려져 있어요.
16세기 포르투갈 상인과 선교사들에 의해 일본 나가사키현에
전해지게 되면서 카스텔라는 일본의 입맛에 맞게 변화되고
우리에게도 익숙한 카스텔라가 되었답니다.

◆◇◆◇◆◇◆◇◆◇◆◇◆◇◆◇◆◇◆◇◆◇◆◇◆◇◆◇◆◇◆◇◆

4인분
요리 시간 30분(굽는 시간 제외)

재료
버터 100g
우유 100g
박력분 100g
바닐라 에센스 약간
달걀 6개
설탕 100g

Cooking Tip
달걀흰자는 냉장고에서 실온에 꺼내 두었다가 잘 풀어준 후 거품이 일어나기 시작하면 2~3회 나누어 거품을 내주세요.

❶ 냄비에 버터와 우유를 넣어 30초 정도 끓인 다음 식힌다.

❷ 박력분은 체에 내려서 버터와 우유를 넣고 바닐라 에센스를 넣어 섞는다.

❸ 달걀은 흰자와 노른자를 나누어 2에 노른자를 조금씩 넣어가며 섞는다.

❹ 달걀흰자를 거품 내면서 설탕을 나누어 넣어 머랭을 만든다.

❺ 3에 달걀흰자를 나누어 넣으면서 거품이 꺼지지 않도록 잘 섞는다.

❻ 반죽을 오븐팬에 담고 중탕으로(뜨거운 물을 붓고) 예열한 150도의 오븐에서 60분 정도 굽는다.

기본 식빵

매일 아침 구운 식빵을 우유 배달처럼 누군가 매일매일 배달해준다면
저는 제일 먼저 신청할래요. 식빵은 우리 흰쌀밥처럼 매일 먹어도 지겹지
않으니까요. 식빵은 시간과 노력이 필요하니 맛있는 식빵이 나오기를
기대하며 즐겁게 만드세요.

Cooking Tip

반죽을 1차 발효시킬 때 물을
약간 데워서 중탕하듯이 발효시킬
그릇을 올려두세요. 이때 물이 뜨거우면
발효되지 않고 반죽이 익어버리니 주의해야
해요. 또 날씨가 추운 겨울에는 중간에
물이 식으면 미지근한 물로 채워주세요.
발효 기능이 있는 오븐이라면 발효 기능을
활용하면 편리해요

기본 식빵틀 1개
요리 시간 60분
(발효 시간 제외)

재료
강력분 375g
인스턴트 이스트
2작은술+1/2작은술
설탕 3큰술
소금 1작은술+1/2작은술

우유 280g
버터 30g
식용유 약간

남은 인스턴트 이스트는 밀폐용기에 담아 서늘한 곳이나 냉동실에 보관하세요

❶ 강력분은 체에 쳐서 인스턴트 이스트, 설탕, 소금을 넣어 섞는다.

❷ ①에 미지근한 우유를 넣고 반죽하여 한 덩어리로 뭉쳐지면 버터를 넣어 10분 정도 글루텐이 형성되도록 손으로 치대어 매끈하게 한 덩어리로 뭉친다.

❸ 반죽에 젖은 면포를 덮어 오븐의 발효 기능에서 40분 정도 1차 발효시킨다.

❹ 1차 발효한 반죽을 3덩이로 나누어 젖은 면포를 덮어 실온에서 15분 정도 중간 발효시킨다.

❺ 중간 발효된 반죽을 밀어서 돌돌 만다.

❻ 식빵틀에 식용유를 바르고 반죽을 넣어 40분 정도 오븐의 발효 기능을 이용하거나 따뜻한 실온에서 발효시킨 다음 180℃로 예열한 오븐에서 30~35분 정도 굽는다.

치즈 실파 식빵

기본 식빵이 우리 흰쌀 밥과 같다면 치즈 실파 식빵은 한 번씩 먹게 되는
약식쯤으로 생각하세요. 별미식으로 먹고 싶은 치즈 실파 식빵.
치즈, 실파 대신 밤, 고구마, 단호박 등을 넣어 달콤하게 즐겨도 좋아요.

Cooking Tip

반죽을 발효시킬 때에는 겉면이
마르지 않도록 랩이나 젖은 면포를
덮어두세요. 젖은 면포는 물기를 꼭
짜지 않으면 무거워서 반죽이 눌려
발효가 잘되지 않아요

◆◇◆◇◆◇◆◇◆◇◆◇◆◇◆◇◆◇◆◇◆◇◆◇◆◇◆◇◆◇◆◇◆◇◆◇◆◇◆

기본 식빵틀 1개
요리 시간 60분
(발효 시간 제외)

재료
강력분 375g
인스턴트 이스트
2작은술+1/2작은술
설탕 3큰술

소금 1작은술+1/2작은술
우유 280g
버터 30g
슬라이스 치즈 2장
실파 4대

대체 식재료
실파 ▶ 당근, 피망, 양파

❶ 강력분은 체에 쳐서
인스턴트 이스트, 설탕, 소금을
넣어 섞는다.

❷ ①에 미지근한 우유를
넣고 반죽하여 한 덩어리로
뭉쳐지면 버터를 넣어 10분
정도 글루텐이 형성되도록
손으로 치대어 매끈하게
한 덩어리로 뭉친다.

❸ 반죽에 젖은 면포를 덮어
오븐의 발효 기능에서 40분
정도 1차 발효시켜 공기를
빼고 실온에서 15분 정도 중간
발효시킨다.

❹ 슬라이스 치즈는 작게 썰고
실파는 송송 썬다. 반죽을
밀어서 슬라이스 치즈와
실파를 뿌린다.

❺ 식빵틀에 식용유를 바르고
반죽을 돌돌 말아 넣어 40분
정도 오븐의 발효 기능을
이용하거나 따뜻한 실온에서
발효시킨 다음 180℃로 예열한
오븐에서 30~35분 정도 굽는다.

모닝롤

빵집의 아침은 일찍 시작돼요. 빵은 다른 케이크나 쿠키와 달리 반죽과
발효 시간이 길기 때문이죠. 식빵과 달리 모닝롤은 하나하나 모양을 만들어
중간 발효와 2차 발효까지 기다려야 하니 그 노력과 수고에 값을 매겨야
할 것 같아요. 집에서 만든 모닝롤의 가격은 얼마로 정하면 좋을까요?

Cooking Tip

1차 발효한 반죽은 너무
오래 치대면 공기가 빠져 질겨질
수 있으니 손으로 너무 치대지 말고
스크래퍼로 적당량을 잘라서 동글려
바로 중간 발효를 시키세요

15~20개	주재료	달걀물 재료	대체 식재료
요리 시간 60분 (발효 시간 제외)	강력분 270g 분유 1큰술 인스턴트 이스트 2작은술 설탕 1큰술 소금 1작은술 달걀 1개 미지근한 물 170g 버터 30g	달걀 1/2개 우유 1/2컵	인스턴트 이스트 ▶ 생이스트

❶ 강력분과 분유는 체에 내리고 인스턴트 이스트, 설탕, 소금을 넣어 섞는다.

❷ ①에 달걀과 미지근한 물을 섞어 반죽한다.

❸ 버터를 조금씩 넣어가며 10분 정도 손으로 치대어 글루텐이 형성되면 매끈하게 굴려서 젖은 면포를 덮어 오븐의 발효 기능에서 40분 정도 1차 발효시킨다.

반죽을 일정한 크기로 빚어 손 안에 넣어 동글동글하게 굴리세요

❹ 반죽을 30g씩 나누어 둥글린 다음 젖은 면포를 덮어 실온에서 10분 정도 중간 발효시킨다.

❺ 발효시킨 반죽을 다시 한 번 둥글리기하여 오븐팬에 놓고 젖은 면포를 덮어 40분 정도 발효시킨 다음 달걀물과 우유를 섞어 붓으로 골고루 바른다.

❻ 180℃로 예열한 오븐에서 15분 정도 굽는다.

식빵믹스로 만든
포카치아

빵을 주식으로 하는 이웃 나라에는 다양한 빵도 많이 판매되고 있지만
프리믹스 제품이나 냉동 생지도 참 다양하더라고요. 우리나라도 점점 이런
프리믹스 제품이 다양해지니 재료 준비가 번거롭다면 프리믹스 제품을
활용하여 나만의 빵을 만드세요.

18×28cm 크기의
사각틀 1개
요리 시간 60분

재료
식빵믹스 1봉
미지근한 물 1컵
올리브오일 1/5컵
올리브오일 적당량

굵은소금 약간
토마토 1/2개
양파 1/4개
블랙 올리브 5개

❶ 식빵믹스에 미지근한
물을 넣어 어느 정도 섞다가
올리브오일 1/5컵을 넣어
한 덩어리가 될 때까지 충분히
치댄다.

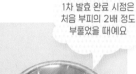

1차 발효 완료 시점은
처음 부피의 2배 정도
부풀었을 때예요

❷ 랩이나 젖은 면포를 덮어
40℃에서 30~40분 정도 1차
발효시킨다.

❸ 사각틀에 식용유를 살짝
바르고 가스를 빼주듯 반죽을
누르면서 틀에 맞추어 넣고
다시 랩을 씌워 40℃에서 20분
정도 2차 발효시킨다.

❹ 반죽에 올리브오일을
살짝 바르고 굵은소금을 솔솔
뿌린다. 양파와 블랙 올리브는
슬라이스하고 토마토는
적당히 잘라 반죽에 얹는다.

❺ 180℃로 예열한 오븐에서
15~20분 정도 굽는다.

Special
Recipes

∙ ∙ ∙

오븐의 다양한 기능을
활용한 별미

재주가 정말 많아 사랑스러운 그대는 바로 오븐입니다. 가정용
오븐에 숨은 재능을 마저 활용해보세요. 좁은 부엌 공간에 여러
가지 조리 도구를 다 둘 수 없을 때 오븐의 다양한 기능이 더욱 빛을
발합니다. 건조 기능은 채소나 과일, 묵을 말려 저장할 수 있고 발효
기능은 빵을 발효시키고 요구르트나 식혜, 청국장도 쉽게 만들 수
있도록 돕습니다. 스팀 오븐 기능은 진한 양념의 한국형 구이 요리에
적합하고 기름기 없는 튀김 요리도 오븐으로 가능합니다.

웰빙 건조 채소

◆◇◆◇◆◇◆◇◆◇◆

요리 시간 25분

재료
애호박 · 가지 · 무 적당량씩
여러 가지 버섯 적당량씩

Cooking Tip
채소 건조 기능은 오븐의
온도가 60℃로 유지돼요.
더 높은 온도에서 채소를
건조하면 채소가 익을 수
있으니 주의하세요. 건조
시킨 채소는 완전히 식혀
밀폐용기에 담아 보관하세요.

채소나 버섯에
따라 건조 시간이
달라요. 버섯류 2시간,
애호박 4시간, 가지
4시간, 무 4시간
등으로요

❶ 애호박, 가지, 무는
얇게 썰고 버섯은
편으로 썰거나 손으로
찢는다.

❷ 오븐팬에 석쇠를
얹고 채소와 버섯을
올려 오븐의 식품 건조
기능으로 말린다.

호박고지볶음

◆◇◆◇◆◇

2인분
요리 시간 10분

재료
호박고지 20g, 들기름 1
소금 · 후춧가루 약간씩

❶ 호박고지는 물에 담가 불려 체에 건져 물기를 뺀다.
❷ 팬을 달구어 들기름을 두르고 호박고지를 넣고 3분 정도 중간 불로 볶다가 소금과 후춧가루를 넣어 간을 한다.

무말랭이무침

◆◇◆◇◆◇

2인분
요리 시간 10분

주재료
무말랭이 50g, 실파 5대

양념 재료
간장 1, 고춧가루 2, 고추장 1
통깨 1, 물엿 2, 맛술 1, 참기름 약간

❶ 볼에 무말랭이를 담고 물을 자박하게 부어 주물러 씻어 물을 따라낸다.
❷ 무말랭이에 간장 1, 고춧가루 2, 고추장 1, 통깨 1, 물엿 2, 맛술 1, 참기름 약간을 넣고 버무린다.

가지조림

◆◇◆◇◆◇

2인분
요리 시간 15분

주재료
말린 가지 20g, 들기름 1

조림 재료
간장 1, 물엿 1, 물 3

❶ 말린 가지는 물에 5분 정도 불린다.
❷ 팬을 달구어 들기름을 두르고 불린 가지를 넣어 살짝 볶다가 간장 1, 물엿 1, 물 3을 넣고 5분 정도 중간 불로 조린다.

사과말랭이와 사과말랭이무침

식품 건조 기능

사과말랭이
2인분
요리 시간 25분

재료
사과 1개
물 1컵
설탕 1

사과말랭이무침
2인분
요리 시간 10분

주재료
사과말랭이 20g

양념 재료
고춧가루 0.3
까나리액젓 0.3
물엿 0.7
통깨 0.3
설탕 0.3
소금 적당량

사과말랭이

사과말랭이무침

❶ 사과는 껍질째 얇게 썰어 물 1컵에 설탕 1을 넣어 녹인 설탕물에 1분 정도 담갔다가 건져 물기를 뺀다.

❷ 오븐팬에 석쇠를 얹고 사과를 올려 식품 건조 기능으로 말린다.

❸ 고춧가루 0.3, 까나리액젓 0.3, 물엿 0.7, 통깨 0.3, 설탕 0.3, 소금 적당량을 섞는다.

❹ 볼에 사과말랭이와 양념장을 넣고 양념이 뭉치지 않게 털어가면서 버무린다.

묵말랭이
4인분
요리 시간 25분

재료
도토리묵 1모

묵말랭이볶음
2인분
요리 시간 20분

주재료
묵말랭이 30g
꽈리고추 30g
식용유 적당량

양념 재료
간장 1.5
물엿 0.5
참기름 · 깨소금 약간씩

묵말랭이와 묵말랭이볶음

식품 건조 기능

묵말랭이

❶ 오븐팬에 석쇠를 얹고 도토리묵을 얇게 썰어 올린다.

도토리묵 대신 청포묵을 말려도 좋아요

❷ 오븐의 식품 건조 기능으로 말린다.

묵말랭이볶음

❸ 묵말랭이는 물에 10분 정도 불려 물기를 빼고 꽈리고추는 꼭지를 떼고 큰 것은 반으로 자른다.
팬에 식용유를 두르고 묵말랭이를 넣고 볶는다.

❹ 묵이 부드럽게 익으면 간장 1.5, 물엿 0.5, 참기름과 깨소금 약간씩을 넣어 5분 정도 조려 국물이 자작해지면 꽈리고추를 넣고 3분 정도 더 볶는다.

육포

정육점에서 살 때
얇고 넓게 썰어
달라고 하세요

◆◇◆◇◆◇◆◇◆◇◆

4인분
요리 시간 20분(건조 3~4시간)

주재료
쇠고기(안심, 우둔살 등) 600g

양념장 재료
간장 4
설탕 1
물엿 1
청주 1
고운 고춧가루 0.3
참기름 2
마늘즙 1

❶ 쇠고기는 안심이나
우둔살 등 기름기가
없는 부위로 준비하여
얇고 넓게 썬다.

❷ 간장 4, 설탕 1,
물엿 1, 청주 1,
고운 고춧가루 0.3,
참기름 2, 마늘즙 1을
섞는다.

❸ 쇠고기에 양념장을
넣고 조물조물 무친다.

❹ 쇠고기를 한 장씩
펴서 오븐의 식품 건조
기능으로 딱딱하지 않게
말린다.

단호박
식혜

발효 기능

◆◇◆◇◆◇◆◇◆◇◆

10인분
요리 시간 40분(발효 6시간)

재료
엿기름 250g
물 20컵
단호박 1/3개
찬밥 1공기
설탕 1컵
생강 1톨

시판되는 인스턴트
엿기름을 사용해도
돼요

식혜 발효는
60℃에서 5~6시간
정도예요

❶ 엿기름에 물
10컵을 부어 20분
정도 담가두었다가
주물주물하여 물을
걸러내고 다시 물 10컵을
넣어 주물러 물을
걸러낸 다음 엿기름물을
가라앉힌다.

❷ 단호박은 껍질을
벗기고 250℃의
오븐에서 20~25분
정도 익히거나
전자레인지에서 5분
정도 익혀 으깬다.

❸ 볼에 가라앉혀 놓은
엿기름물을 따라내어
담고 단호박과 찬밥을
넣어 오븐의 발효
기능으로 발효시킨다.

❹ 6시간 정도 지나
밥알이 한두 알 떠오르면
꺼내 냄비에 붓고 끓여
설탕으로 단맛을 내고
얇게 썬 생강을 넣어 3분
정도 끓인다.

홈메이드 요구르트

◆◇◆◇◆◇◆◇◆◇◆◇◆

8인분
요리 시간 25분
(발효 4시간)

재료
우유 1ℓ
떠먹는 요구르트 1컵(180g)

Cooking Tip
차가운 우유를 사용하면 발효
온도인 40℃까지 데우는
데 시간이 걸려 요구르트를
만드는 시간이 길어져요.

❶ 우유는 전자레인지에
넣어 2분 정도 데운다.

❷ 우유에 요구르트를
넣어 섞은 다음
오븐의 발효 기능으로
발효시킨다.

Special Recipe

홈메이드 요구르트로 만드는 두 가지 음식

요구르트 드레싱과 샐러드
샐러드 채소에 견과류를 뿌리고
홈메이드 요구르트를 뿌린다. 식성에
따라 요구르트에 레몬즙이나 식초,
씨겨자, 꿀 등을 넣으면 더 맛있다.

요구르트 새우구이
새우는 껍질을 벗겨 손질하여
카레가루와 요구르트를 섞어서 10분
정도 재운다. 오븐에 새우를 굽고
파슬리가루를 뿌린다.

고등어
양념
구이

◆◇◆◇◆◇◆◇◆◇◆

2인분
요리 시간 25분

주재료
고등어 1마리
대파(흰 부분) 1대

양념 재료
고추장 2
고춧가루 1
간장 1
맛술 1
설탕 0.3
다진 마늘 0.5
생강가루 약간
후춧가루 약간

스팀 오븐

❶ 고등어는 물에 씻어 키친타월로 물기를 제거한 후 껍질 쪽에 칼집을 넣는다.

❷ 오븐팬에 키친타월을 깔고 물을 듬뿍 뿌린 다음 석쇠를 얹고 고등어를 올려 230℃로 예열한 오븐에서 10분 정도 굽는다.

❸ 고추장 2, 고춧가루 1, 간장 1, 맛술 1, 설탕 0.3, 다진 마늘 0.5, 생강가루와 후춧가루 약간씩을 섞어 고등어에 발라 200℃의 오븐에서 5~8분 정도 더 구워 접시에 담는다.

❹ 대파는 흰 부분만 일정한 두께로 채 썰어 고등어에 얹는다.

북어 양념구이

◆◇◆▶◆◇◆◇◆◇◆◇

2인분
요리 시간 25분

주재료
황태포 1마리
송송 썬 실파 1
통깨 약간

양념장 재료
고추장 1.5
고춧가루 0.5
간장 1
설탕 1
물엿 0.5
다진 마늘 1
생강즙 약간
청주 0.5
참기름 0.5

Cooking Tip
스팀 오븐은 고열에서 수증기가 나와 은
빨리 흡수되어 겉은 바삭하게 속은 부ㅁ
익히는 역할을 해요. 북어 양념구이처럼
고추장 양념은 타기 쉬우니 스팀 오븐O
있다면 활용하세요. 겉은 타지 않고 속ㅁ
부드럽게 익힐 수 있어요.

황태포살을 물에 오래
담그면 맛도 없고
부스러지기 쉬워요

❶ 황태포는 물에 씻어 머리와 지느러미를 잘라내고 껍질이 물에 젖도록 담가 10분 정도 부드럽게 불린다.

❷ 고추장 1.5, 고춧가루 0.5, 간장 1, 설탕 1, 물엿 0.5, 다진 마늘 1, 생강즙 약간, 청주 0.5, 참기름 0.5를 섞는다.

❸ 황태포의 물기를 꼭 짜고 껍질 쪽에 칼집을 넣은 다음 앞뒤에 양념장을 골고루 바른다.

❹ 오븐팬에 쿠킹포일을 깔고 황태포를 올려 200℃의 오븐에서 10분 정도 구워 접시에 담고 송송 썬 실파와 통깨를 뿌린다.

채소찜

◆◇◆◇◆◇◆◇◆◇◆

2인분
요리 시간 25분

재료
양배추 1/6통
브로콜리 1/4송이
피망 1/2개

대체 식재료
브로콜리 ▶ 콜리플라워

Cooking Tip
스팀 오븐이 없을 때에는
오븐팬에 물을 약간 넣고
쿠킹포일로 덮어 180℃에서
20분 정도 익히세요.

스팀 오븐

❶ 양배추와 브로콜리,
피망은 큼직하게 썬다.

❷ 오븐팬에 준비한
채소를 담고 스팀
오븐으로 180℃에서 20분
정도 익힌다.

생선찜과 꽃게찜

◆◇◆◇◆◇◆◇◆◇◆

2인분
요리 시간 25분

생선찜 재료
생선 1마리

양념 주재료
간장 2
고춧가루 0.5
깨소금 약간
송송 썬 실파 약간

꽃게찜 재료
꽃게 2마리
칠리소스 약간

꽃게찜이나
새우와 같은 해산물
요리에는 초고추장이나
칠리소스 또는 스위트
칠리 등을 곁들이면
좋아요

생선찜   꽃게찜

❶ 생선은 손질하여 칼집을 넣고 오븐팬에 종이포일이나 쿠킹포일을 깔고 석쇠를 얹은 다음 올려 스팀 오븐으로 160℃에서 15~20분 정도 익혀 접시에 담는다.

❷ 간장 2, 고춧가루 0.5, 깨소금과 송송 썬 실파 약간씩을 섞어 생선찜에 끼얹는다.

❸ 꽃게는 조리용 솔로 껍데기를 깨끗하게 닦는다.

❹ 오븐팬에 꽃게를 올리고 180℃의 스팀 오븐에서 20분 정도 익혀 접시에 담고 칠리소스를 곁들인다.

마른
오징어와
쥐포구이

◆◇◆◇◆◇◆◇◆◇◆

2인분
요리 시간 10분

재료
마른오징어 1마리
쥐포 1마리

Cooking Tip
마른오징어와 쥐포에는
마요네즈와 고추냉이를
섞거나 마요네즈와
고추장을 섞어서 만든
소스를 곁들이면 좋아요.

오븐에 구워
간장이나 고추장
양념에 조리면
비린내가 나지 않는
마른 반찬을 만들 수
있어요

❶ 마른오징어와 쥐포는
물에 깨끗하게 씻는다

❷ 오븐팬에 석쇠를 얹고
마른오징어와 쥐포를
올려 250℃로 예열한
오븐에서 3~5분 정도
굽는다.

오징어
튀김

◆◇◆◇◆◇◆◇◆◇◆

2인분
요리 시간 25분

재료
오징어 1마리
소금 · 후춧가루 약간씩
아몬드 1/2컵
달걀흰자 1개분

Cooking Tip
달걀흰자가 아몬드에 떨어지면
아몬드가 뭉쳐지니 아몬드를
한꺼번에 다 넣지 않고 조금씩
넣어가며 오징어에 입히세요.

❶ 오징어는 껍질을
벗기고 1cm 두께의
링으로 썰어 소금과
후춧가루를 뿌린다.

❷ 아몬드는 비닐봉지에
넣어 잘게 부순다.

❸ 달걀흰자는 잘 풀어
오징어를 담갔다가
아몬드를 골고루
입힌다.

❹ 오븐팬에
종이포일이나
쿠킹포일을 깔고
200℃의 오븐에서 10분
정도 노릇노릇하게
굽는다.

안심
돈가스

◆◇◆◇◆◇◆◇◆◇◆

2인분
요리 시간 30분

주재료
돼지고기(안심) 1/2조각
카레가루 2
소금 · 후춧가루 약간씩
밀가루 1/2컵
달걀 2개

빵가루 양념 재료
빵가루 1컵+1/2컵
식용유 1/4컵

에어프라이 기능

토마토케첩, 돈가스
소스, 카레 등을
곁들이세요

❶ 돼지고기는 안심으로
준비하여 1cm 두께로
썰어 칼등으로 자근자근
두드려 카레가루,
소금과 후춧가루
약간씩에 밑간한다.

❷ 빵가루에 식용유를
넣어 손으로 비벼
섞는다.

❸ 돼지고기에 밀가루를
골고루 묻히고 달걀물을
입힌 다음 빵가루를
꼭꼭 눌러 입힌다.

❹ 오븐팬에 석쇠를
얹고 돼지고기
안심을 올려 250℃의
오븐에서 15~20분 정도
노릇노릇하게 굽는다.

양파링
튀김

에어프라이 기능

◆◇◆◇◆◇◆◇◆◇◆◇◆

2인분
요리 시간 25분

재료
양파 1개
케이준 스파이스 2
튀김가루 3
달걀 1개
빵가루 1컵
식용유 1/4컵
식용유 약간

남은 양파는
된장찌개나
볶음 요리 등에
넣으세요

❶ 양파는 1cm 두께의
링으로 썰어 큰 것만
준비한다.

❷ 케이준 스파이스와
튀김가루를 골고루 섞고
달걀은 곱게 푼다.

❸ 빵가루에 식용유
1/4컵을 섞는다. 양파에
케이준 스파이스,
튀김가루, 빵가루
순으로 튀김옷을
입힌다.

❹ 오븐팬에 석쇠를
얹고 양파를 올린 다음
식용유를 골고루 뿌려
230℃의 오븐에서 10분
정도 노릇노릇하게
굽는다.

코코넛 쉬림프

◆◇◆◇◆◇◆◇◆◇◆

2인분
요리 시간 25분

재료
새우 8마리
소금 · 후춧가루 약간씩
달걀 1개
밀가루 2
롱 코코넛 1컵
칠리소스 적당량

Cooking Tip
먹고 남은 튀김을 오븐에
구우면 더 맛있게 먹을 수
있어요. 오븐팬에 석쇠를 얹고
튀김이나 전을 올려 230℃에서
10〜12분 정도 구우면 돼요.

에어프라이 기능

❶ 새우는 꼬리만
남기고 껍질을 벗겨
소금과 후춧가루
약간씩으로 밑간한다.

❷ 달걀에 밀가루를
넣어 잘 섞어 새우에
묻힌다.

❸ 새우에 롱 코코넛을
고루 묻힌다.

❹ 오븐팬에
종이포일이나
쿠킹포일을 깔고 새우를
올려 200℃의 오븐에서
10분 정도 구워 그릇에
담고 칠리소스를
곁들인다.

크리스피
치킨
샐러드

◆◇◆◇◆◇◆◇◆◇◆

2인분
요리 시간 25분

주재료
닭고기(안심) 8조각
소금 · 마늘가루 · 후춧가루
약간씩
밀가루 2
달걀 1개

빵가루 양념 재료
빵가루 1컵
곱게 다진 땅콩 2
다진 파슬리 0.5
식용유 4

샐러드 재료
크리스피 치킨 4조각
삶은 달걀 1개
샐러드 채소 1줌
시판 드레싱 적당량

시판 드레싱 대신
올리브오일, 간장, 식초,
설탕을 섞어 드레싱을
만들어 곁들여도 돼요.

❶ 닭고기는 안심으로
준비하여 소금과
마늘가루, 후춧가루
약간씩을 뿌린다.
빵가루에 곱게 다진
땅콩, 다진 파슬리를
섞은 다음 식용유를
섞는다.

❷ 밀가루와 달걀을
섞어 닭고기를 담갔다가
건져 빵가루를 입힌다.

❸ 오븐팬에 석쇠를
얹고 닭고기를 올려
230℃의 오븐에서
10~15분 정도 구워 먹기
좋게 썬다.

❹ 샐러드 채소와 삶은
달걀은 먹기 좋게 썰어
접시에 담고 크리스피
치킨을 얹고 시판
드레싱을 곁들인다.

Index

가나다순
식재료순

식재료순

오븐 요리 매뉴얼

맛있는
오븐 요리

초판 1쇄 | 2023년 10월 20일

지은이 | 이미경

발행인 | 유철상
기획 · 푸드 스타일링 | 조경자
편집 | 홍은선, 김정민
디자인 | 주인지, 노세희
사진 | 황승희
마케팅 | 조종삼, 김소희
콘텐츠 | 강한나

펴낸곳 | 상상출판
등록 | 2009년 9월 22일(제305-2010-02호)
주소 | 서울특별시 성동구 뚝섬로17가길 48, 성수에이원센터 1205호(성수동2가)
전화 | 02-963-9891(편집), 070-7727-6853(마케팅)
팩스 | 02-963-9892
전자우편 | sangsang9892@gmail.com
홈페이지 | www.esangsang.co.kr
블로그 | blog.naver.com/sangsang_pub
인쇄 | 다라니
종이 | ㈜월드페이퍼

ISBN 979-11-6782-171-3 (13590)
© 2023 이미경